# Windows Server 网络操作系统项目教程

# （Windows Server 2022）（微课版）

杨昊龙　杨　云　任佩红　**主　编**

张　晖　薛立强　谢兆鑫　**副主编**

北京理工大学出版社

BEIJING INSTITUTE OF TECHNOLOGY PRESS

## 内 容 简 介

本书采用"项目导向、任务驱动"的方式，着眼于实践应用，以企业真实案例为基础，采用"纸质教材+电子活页"的形式，全面、系统地介绍 Windows Server 2022 网络操作系统在企业中的应用。

本书包含 10 个项目，内容包括规划与安装 Windows Server 2022、部署与管理 Active Directory 域服务、管理用户账户和组、配置与管理 DNS 服务器、配置与管理 DHCP 服务器、配置与管理 Web 服务器、配置与管理 FTP 服务器、配置与管理 VPN 服务器、配置与管理 NAT 服务器、配置与管理证书服务器。

本书结构合理，知识点全面，实例丰富，语言通俗易懂，内容易教易学。本书提供知识点微课、课堂慕课和拓展视频（见电子活页），读者可以随时扫描书中的二维码学习。

本书可以作为高职高专院校和应用型本科院校计算机网络技术、云计算技术与应用、大数据技术、计算机应用技术等计算机类专业理论与实践一体化教材，也可以作为 Windows Server 2022 系统管理人员和网络管理工作者的参考书。

**图书在版编目（CIP）数据**

Windows Server 网络操作系统项目教程：Windows
Server 2022：微课版 / 杨昊龙，杨云，任佩红主编.
北京：北京理工大学出版社，2025.5.
ISBN 978-7-5763-5371-6

Ⅰ. TP316.86

中国国家版本馆 CIP 数据核字第 20252C3U10 号

---

**责任编辑**：王玲玲　　**文案编辑**：王玲玲
**责任校对**：刘亚男　　**责任印制**：施胜娟

**出版发行** / 北京理工大学出版社有限责任公司
**社　　址** / 北京市丰台区四合庄路 6 号
**邮　　编** / 100070
**电　　话** / (010) 68914026（教材售后服务热线）
　　　　　　(010) 63726648（课件资源服务热线）
**网　　址** / http://www.bitpress.com.cn

**版 印 次** / 2025 年 5 月第 1 版第 1 次印刷
**印　　刷** / 三河市天利华印刷装订有限公司
**开　　本** / 787 mm×1092 mm　1/16
**印　　张** / 19
**字　　数** / 442 千字
**定　　价** / 89.00 元

# 前 言

党的二十大报告中指出，"必须坚持科技是第一生产力、人才是第一资源、创新是第一动力"。大国工匠和高技能人才作为人才强国战略的重要组成部分，在现代化国家建设中起着重要的作用。

网络强国是国家的发展战略。要发展成为网络强国，不但要在网络技术上领先和创新，而且要确保网络不受国内外敌对势力的攻击，保障重大应用系统正常运行。因此，网络技能型人才的培养显得尤为重要。

## 1. 编写背景

鉴于目前 Windows Server 2022 相关教材比较缺乏的现状，依据教育部发布的《教育信息化 2.0 行动计划》、国家精品在线开放课程建设、"三教"改革及"金课"建设要求，结合计算机领域的发展及广大读者的反馈意见，在保留教材特色的基础上，将项目网络操作系统版本升级到 Windows Server 2022，采用"纸质教材+电子活页"的形式对教材进行全面修订。

## 2. 本书特点

本书包含 10 个项目，为教师和学生提供一站式课程整体解决方案和立体化教学资源，助力"易教易学"。

（1）落实立德树人根本任务

本书经过精心设计，融入了"核高基"与国产操作系统、IPv4 和 IPv6、中国计算机的主奠基者、中国国家顶级域名"CN"、图灵奖、国家最高科学技术奖、"雪人计划"、中国的超级计算机、中国的"龙芯"、国产操作系统"银河麒麟"等计算机领域发展的重要事件和重要人物，以鞭策学生努力学习，弘扬精益求精的专业精神、职业精神和工匠精神，培养学生的创新意识，激发学生的爱国热情，引导学生树立正确的世界观、人生观和价值观，努力成为德、智、体、美、劳全面发展的社会主义建设者和接班人。

（2）本书是校企深度融合、"双元"合作开发的"项目导向、任务驱动"的项目式教材

① 本书由行业专家、微软金牌讲师、教学名师、专业负责人等跨地区、跨学校联合编写。主编杨云教授是省级教学名师、微软系统工程师。

② 本书采用基于工作过程导向的"教、学、做"一体化的编写方式。

③ 本书内容对接职业标准和企业岗位需求，力求实现产教融合、书证融通、课证融通。

④ 本书项目来自企业，并由业界专家参与拍摄配套的项目视频，充分体现了校企深度融合和"双元"合作开发。本书项目实训视频由微软工程师录制。

（3）遵循"三教"改革要求，创新教材形态，采用"纸质教材+电子活页"的形式

① 本书融合了互联网新技术，以嵌入二维码的纸质教材为载体，嵌入各种数字化资源，将教材、课堂、教学资源、教学方法四者融合，实现了线上、线下有机结合，是"翻转课堂"和"混合课堂"改革的理想教材。

② 利用互联网新技术扩充教材内容，在纸质教材基础上增加教学资源包，包含视频、音频、作业、试卷、拓展资源、主题讨论、10 个微课、10 个课堂慕课、22 个电子活页等数字化资源，从而实现纸质教材三年一修订、电子活页随时增减和修订的目标。

（4）打造"教、学、做、导、考"一体化教材，提供一站式课程整体解决方案

① 教材、微课、课堂慕课、项目实训视频和电子活页为"教"和"学"尽可能提供最大便利。

② 授课计划、项目指导书、电子教案、课件、习题解答、课程标准、试卷、拓展提升资源、项目任务单、实训指导书、5 GB 以上的视频（微课、课堂慕课、电子活页），为教师备课、学生预习、教师授课、学生实训、课程考核提供一站式课程整体解决方案。

③ 利用 QQ 群实现 24 小时在线答疑，分享教学资源和教学心得。

## 3. 教学参考学时

本书的参考学时为 68 学时，其中实训为 44 学时。各项目的参考学时参见下面的学时分配表。

学时分配表

| 项目编号 | 课程内容 | 学时分配 | |
| --- | --- | --- | --- |
| | | 讲授 | 实训 |
| 项目 1 | 规划与安装 Windows Server 2022 | 2 | — |
| 项目 2 | 部署与管理 Active Directory 域服务 | 2 | 4 |
| 项目 3 | 管理用户账户和组 | 4 | 4 |
| 项目 4 | 配置与管理 DNS 服务器 | 2 | 2 |
| 项目 5 | 配置与管理 DHCP 服务器 | 2 | 2 |
| 项目 6 | 配置与管理 Web 服务器 | 2 | 2 |
| 项目 7 | 配置与管理 FTP 服务器 | 2 | 2 |
| 项目 8 | 配置与管理 VPN 服务器 | 2 | 2 |
| 项目 9 | 配置与管理 NAT 服务器 | 4 | 4 |
| 项目 10 | 配置与管理证书服务器 | 2 | 2 |
| 电子活页（微软工程师录制） | | — | 20 |
| 学时总计 | | 24 | 44 |

### 4. 其他

本书由杨昊龙、杨云、任佩红担任主编，张晖、薛立强、谢兆鑫担任副主编，衷心感谢浪潮集团、山东鹏森信息科技有限公司给予的支持和帮助。特别感谢浪潮集团、山东鹏森信息科技有限公司为本书提供了教学案例。读者订购教材后，请向编者索要全套备课包，编者QQ 号为 3883864976（仅限教师）。欢迎加入计算机研讨 & 资源共享教师 QQ 群：774974869（仅限教师）。

编　者

# 目 录

# 项目 1

# 规划与安装 Windows Server 2022

　　某高校要组建校园网，需要架设一台具有 DNS、DHCP、Web、FTP 等功能的服务器来为校园网用户提供服务，现需要选择一种既安全又易于管理的网络操作系统。

　　在完成该项目之前，首先应选定网络中计算机的组织方式；然后根据微软操作系统的要求确定每台计算机应当安装的版本；再对安装方式、安装磁盘的文件系统格式、安装启动方式等进行选择；最后才能开始系统的安装。

## 学习要点

- 了解不同版本的 Windows Server 2022 的安装要求。
- 了解并掌握安装 Windows Server 2022 的方法。
- 掌握配置 Windows Server 2022 的方法。

项目 1　规划与安装
Windows Server 2022

## 素质要点

- 了解为什么会推出 IPv6。在接下来的"IPv6 时代"，我国有着巨大机遇。培养学生的责任感和自豪感。

- "路漫漫其修远兮，吾将上下而求索。"国产化之路"道阻且长，行则将至，行而不辍，未来可期"。

## 1.1　项目基础知识

　　Windows Server 2022 是微软公司于 2021 年 11 月 5 日正式发布的网络操作系统。它在整体的设计风格与功能上更加接近 Windows 10 操作系统。

1-1 微课
Windows Server 概述

### 1.1.1　系统版本

　　Windows Server 2022 包括 3 个许可版本。

- Essentials Edition（基本版）：适用于最多有 25 个用户或最多有 50 台设备的小型企业。该版本基于插槽授予许可证，在物理或虚拟环境中仅允许运行一个 Windows Server 实例。在系统中，用户和设备客户端许可证既非必需，系统也不提供。

● Standard Edition（标准版）：适用于物理或最低限度虚拟环境。对于中小型企业而言，这是性价比极高的版本，而且可在购买之时或购买之后额外获得虚拟许可证，从而灵活地按需扩展。该版本使用基于处理器核心的许可方式，两台虚拟机需要 16 个核心基础许可证。基础许可证允许在获得许可的服务器的虚拟环境中使用两个 Windows Server Standard 实例，其中一个实例在裸机上运行。裸机上的实例在与虚拟机中的两个实例配合使用时，只能用于服务器管理。用户可以另行购买额外的标准许可证。

● Datacenter Edition（数据中心版）：适用于高虚拟化数据中心和云环境。它允许用户在物理和虚拟环境（包括容器）中，在服务器上运行不限数量的 Windows Server 实例。它包含标准版的所有功能，此外，还支持加密虚拟机、软件定义的网络和软件定义的存储。该版本依然使用基于处理器核心的许可方式，每台服务器至少需要 16 个核心基础许可证，每个处理器至少需要 8 个核心基础许可证。

标准版和数据中心版的区别如表 1-1 所示。

表 1-1 标准版和数据中心版的区别

| 功能 | 标准版 | 数据中心版 |
|---|---|---|
| Windows Server 的核心功能 | 每个许可证允许运行两台虚拟机以及一台 Hyper-V 主机 | 每个许可证允许运行无限台虚拟机和一台 Hyper-V 主机 |
| Hyper-V 混合集成 | 支持 | 支持 |
| Windows Server 容器 | 不受限 | 不受限 |
| 嵌入式操作系统（Operating System Embedded，OSE）/Hyper-V 隔离容器 | 许可证包括两个 OSE 或虚拟机的权限 | 不受限 |
| 主机保护对 Hyper-V 支持 | 不支持 | 支持 |
| 存储副本 | 许可证仅限于 2 TB 以内的单存储副本容量 | 支持，无限制 |
| 软件定义的网络 | 不支持 | 支持，无限制 |
| 软件定义的存储 | 不支持 | 支持，无限制 |

## 1.1.2 硬件要求

Windows Server 2022 的最低配置要求如表 1-2 所示。

表 1-2 Windows Server 2022 的最低配置要求

| 硬件 | 最低配置要求 |
|---|---|
| 处理器 | 1.4 GHz 64 位处理器 |
| | 与 x64 指令集兼容 |
| | 支持 NX 和 DEP |
| | 支持 CMPXCHG16B、LAHF/SAHF 和 PrefetchW |
| | 支持二级地址转换（EPT 或 NPT） |

| 硬件 | 最低配置要求 |
|---|---|
| RAM | 512 MB（对于带桌面体验的服务器，安装选项为 2 GB） |
| | 用于物理主机部署的纠错代码（Error Correction Code，ECC）类型或类似技术 |
| 存储控制器 | 符合 PCI Express 体系结构规范 |
| | 硬盘驱动器的永久存储设备不能为 PATA |
| | 不允许将 ATA/PATA/IDE/EIDE 用于启动驱动器、页面驱动器或数据驱动器 |
| 磁盘空间 | 32 GB（绝对最低值） |
| 网络适配器 | 以太网适配器的吞吐量至少为 1 GB/s |
| | 符合 PCI Express 体系结构规范 |
| 其他 | DVD 驱动器（如果要从 DVD 媒体安装操作系统） |
| 不严格需要，但某些特定功能需要的硬件 | 基于 UEFI 2.3.1c 的系统和支持安全启动的固件 |
| | 受信任的平台模块 |
| | 支持超级 VGA（1 024 像素×768 像素）或更高分辨率的图形设备和监视器 |
| | 键盘和鼠标（或其他兼容的指针设备） |
| | Internet 访问（可能需要付费） |

### 1.1.3　Windows Server 2022 的系统功能

Windows Server 2022 在 Windows Server 2019 的坚实基础上构建，在 3 个关键主题上引入了许多创新：安全性、Azure 混合集成和管理，以及应用程序平台。此外，可借助数据中心版，利用 Azure 云的优势使虚拟机保持最新状态，同时最大限度地减少停机时间。详细内容请扫描右侧二维码学习。

## 1.2　项目设计与准备

### 1.2.1　项目设计

Windows Server 2022 有多种安装方式，分别适用于不同的环境，选择合适的安装方式可以提高工作效率。除了全新安装外，还有升级安装、远程安装及服务器核心安装。在为高校选择网络操作系统时，首先考虑 Windows Server 2022 网络操作系统。而在安装 Windows Server 2022 网络操作系统时，根据教学环境的不同，可为"教"与"学"分别设计不同的安装方式。

#### 1. 在 VMware 中安装 Windows Server 2022

① 物理主机安装了 Windows 10 操作系统，主机名为 Host。

② Windows Server 2022 的 DVD-ROM 或镜像文件已准备好。

③ 硬盘大小为 60 GB。要求 Windows Server 2022 的安装分区大小为 55 GB，文件系统格式

为 NTFS，主机名为 Server1，管理员密码为 P@ssw0rd1，服务器的 IP 地址为 192.168.10.1/24，子网掩码为 255.255.255.0，DNS 服务器的 IP 地址为 192.168.10.1，默认网关的 IP 地址为 192.168.10.254，工作组名为 COMP。

④ 要求配置桌面环境、关闭防火墙，放行 ping 命令。

⑤ 安装 Windows Server 2022 的拓扑结构如图 1-1 所示。

图 1-1　安装 Windows Server 2022 的拓扑结构

### 2. 使用 Hyper-V 安装 Windows Server 2022

特别提醒，限于篇幅，有关 Hyper-V 的内容请读者查阅编者共享的电子资料。

## 1.2.2　项目准备

项目准备具体如下。

① 满足硬件要求的计算机 1 台。

② Windows Server 2022 相应版本的安装光盘或镜像文件。

③ 记录安装文件的产品密钥（安装序列号），规划启动盘的大小。

④ 在可能的情况下，在运行安装程序前，用磁盘扫描程序扫描所有硬盘，检查硬盘错误并进行修复，否则，若安装程序运行时检查到有硬盘错误，则会很麻烦。

⑤ 如果想在安装过程中格式化 C 盘或 D 盘（建议安装过程中格式化用于安装 Windows Server 2022 的磁盘分区），需要备份 C 盘或 D 盘中有用的数据。

⑥ 导出电子邮件账户和通信簿，将 "C:\Documents and Settings\Administrator(或自己的用户名)" 中的 "收藏夹" 文件夹复制到其他盘中，以备份收藏夹。

全新安装不需要执行步骤⑤和步骤⑥。

> **注意**　Windows Server 2022 支持的文件系统包括 FAT16、FAT32 和 NTFS。Windows Server 2022 只能安装在 NTFS 分区中。

## 1.3　项目实施

Windows Server 2022 网络操作系统有多种安装方式。下面讲解如何安装与配置 Windows Server 2022。

为了方便教学，下面的安装操作使用 VMware 来完成。

## 任务 1-1　安装与配置 VMware

**步骤 1**　安装 VMware Workstation 17 Pro 成功后的界面如图 1-2 所示。

图 1-2　安装 VMware Workstation 17 Pro 成功后的界面

**步骤 2**　单击"创建新的虚拟机"，并在弹出的"新建虚拟机向导"对话框中选中"典型(推荐)"单选按钮，如图 1-3 所示，单击"下一步"按钮。

**步骤 3**　选择虚拟机的安装来源，选中"稍后安装操作系统"单选按钮，如图 1-4 所示，单击"下一步"按钮。

图 1-3　"新建虚拟机向导"对话框

图 1-4　选择虚拟机的安装来源

**注意**　一定要选中"稍后安装操作系统"单选按钮，如果选中"安装程序光盘映像文件（iso）"单选按钮，并把下载好的 Windows Server 2022 的镜像文件选中，则虚拟机会通过默认的安装策略为用户部署最精简的系统，而不会再让用户选择安装设置的选项。

**步骤 4**　选择客户机操作系统的类型为"Microsoft Windows"，版本为"Windows Server 2022"，如图 1-5 所示，单击"下一步"按钮。

**步骤 5**　填写虚拟机名称，选择安装位置，如图 1-6 所示，单击"下一步"按钮。注意，安装位置一定要提前规划好，并创建好相应的文件夹。

图 1-5　选择客户机操作系统的类型和版本　　　图 1-6　填写虚拟机名称并选择安装位置

**步骤 6**　虚拟机系统"最大磁盘大小"的默认值为 60 GB，为了方便后续工作，建议设置为 200 GB，如图 1-7 所示，单击"下一步"按钮。

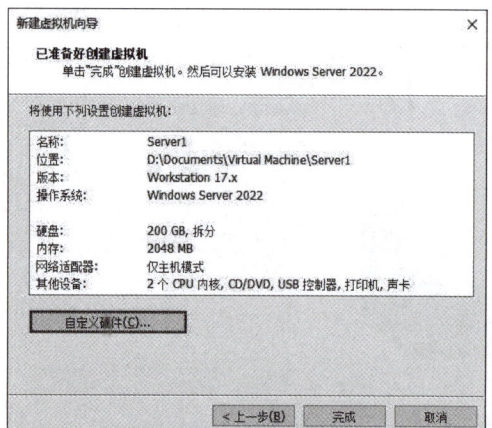

**步骤 7**　进入"已准备好创建虚拟机"界面，单击"自定义硬件"按钮，如图 1-8 所示。

图 1-7　设置虚拟机最大磁盘大小　　　图 1-8　"已准备好创建虚拟机"界面

**步骤 8**　在随后弹出的图 1-9 所示的对话框中，建议将虚拟机系统内存的可用量设置为 2 GB，最小不应小于 1 GB。根据宿主机的性能设置处理器数量及每个处理器的内核数量（不能超过宿主机的处理器的内核总数量），并开启虚拟化功能，如图 1-10 所示。注意，一般不勾选"虚拟化 CPU 性能计数器"复选框，很多计算机不支持此功能。

图 1-9　设置虚拟机的内存

**步骤 9**　选择"新 CD/DVD(SATA)"，在"使用 ISO 映像文件"中选中下载好的 Windows Server 2022 的镜像文件，如图 1-11 所示。

**步骤 10**　VMware 为用户提供了 3 种可选的网络连接模式，分别为桥接模式、网络地址转换（Network Address Translation，NAT）模式与仅主机模式。由于本例宿主机是通过路由器自动获取 IP 地址等信息从而连接到 Internet 的，所以，为了使虚拟机也能上网，选择桥接模式，如图 1-12 所示（选择何种网络连接模式很重要，一定要提前规划好！请读者特别注意后面每个项目中涉及的网络连接模式）。

● 桥接模式：相当于在物理网卡与虚拟网卡之间架设了一座桥梁，从而可以通过物理网卡访问外部网络。在物理主机中，桥接模式的虚拟网卡对应的物理网卡是 VMnet0。

● NAT 模式：让 VMware 的网络服务发挥路由器的作用，使得通过虚拟机软件模拟的主机可以通过物理主机访问外部网络。在物理主机中，NAT 模式的虚拟网卡对应的物理网卡是 VMnet8。

● 仅主机模式：仅让虚拟机内的主机与物理主机通信，不能访问外部网络。在物理主机中，仅主机模式的虚拟网卡对应的物理网卡是 VMnet1。

图 1-10　设置虚拟机的处理器

图 1-11　设置虚拟机的光驱设备

图 1-12　设置虚拟机的网络适配器

**步骤 11**　把 USB 控制器、声卡、打印机等不需要的设备移除，最终的硬件配置情况如图 1-13 所示，单击"关闭"按钮。移除声卡可以避免在输入错误后发出提示声音，确保自己在今后的实验中思绪不被打扰。

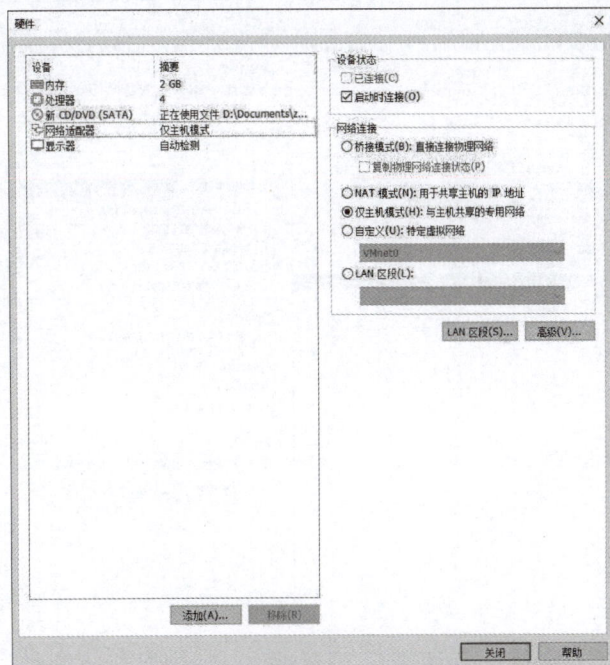

图 1-13　最终的硬件配置情况

**步骤 12**　返回虚拟机配置向导界面后，单击"完成"按钮。当弹出图 1-14 所示的界面时，就说明虚拟机已经配置成功了。

图 1-14　虚拟机配置成功的界面

## 任务 1-2　认识固件类型：UEFI

单击"虚拟机"菜单，选择"设置"，在弹出的"虚拟机设置"对话框中，选择"选项"→"高级"选项，如图 1-15 所示，可以看到"固件类型"默认选择的是"UEFI"。那么 UEFI 究竟是什么呢？其较之传统的基本输入/输出系统（Basic Input/Output System，BIOS）有什么优点呢？

图 1-15　选择固件类型

统一可扩展固件接口（Unified Extensible Firmware Interface，UEFI）规范提供并定义了固件和操作系统之间的软件接口。UEFI 取代了 BIOS，增强了可扩展固件接口（Extensible Firmware Interface，EFI），并为操作系统和启动时的应用程序及服务提供了操作环境。

想要了解 UEFI，需要从 BIOS 说起。BIOS 主要负责开机时检测硬件功能和引导操作系统启动；而 UEFI 相比传统的 BIOS，跳过了启动时自检的过程，从而节省了开机时间。BIOS 与 UEFI 的运行流程如图 1-16 所示。

图 1-16　BIOS 与 UEFI 的运行流程
（a）BIOS 的运行流程；（b）UEFI 的运行流程

UEFI 是一种新的主板引导项，它被看作 BIOS 的继任者。UEFI 主要的特点是拥有图形用户界面，这更有利于用户对图形化操作的选择。

如今很多计算机都支持 UEFI，有的计算机甚至已经抛弃 BIOS 而仅支持 UEFI。不难看出，UEFI 正在取代传统的 BIOS。

## 任务 1-3　安装 Windows Server 2022 网络操作系统

安装网络操作系统时，计算机的 CPU 需要支持虚拟化技术（Virtualization Technology，VT）。VT 指的是让单台计算机能够分割出多个独立资源区，并让每个资源区按照需求模拟出系统的一项技术，其本质就是通过中间层实现计算机资源的管理和再分配，让系统资源的利用率最大化。计算机的 CPU 一般是会支持 VT 的。如果开启虚拟机后依然提示"CPU 不支持 VT"等信息，则重新启动计算机并进入 BIOS，将 VT 功能开启。

使用 Windows Server 2022 的引导光盘进行安装是最简单的安装方式之一。在安装过程中，需要用户干预的地方不多，只需掌握几个关键点即可顺利完成安装。如果当前服务器没有安装小型计算机系统接口（Small Computer System Interface，SCSI）设备或者独立磁盘冗余阵列（Redundant Arrays of Indepclent Disks，RAID）卡，则可以略过相应步骤。

**步骤 1**　在 Server1 界面中单击"开始此虚拟机"，在出现"Press any key to boot from CD or DVD …"时，按任意键，安装程序开始运行。安装界面中弹出"Microsoft Server 操作系统设置"窗口，如图 1-17 所示，选择安装语言并设置输入方法后，单击"下一页"按钮。

图 1-17　"Microsoft Server 操作系统设置"窗口

**步骤 2** 单击"现在安装"按钮，在"选择要安装的操作系统"界面的"操作系统"列表中列出了可以安装的网络操作系统，这里选择"Windows Server 2022 Standard（Desktop Experience）"选项（如果有特定的需求，则也可以选择其他版本进行安装），如图 1-18 所示，单击"下一页"按钮。

**图 1-18 "选择要安装的操作系统"窗口**

**步骤 3** 在"适用的声明和许可条款"界面勾选"我接受 Microsoft 软件许可条款。如果某组织授予许可，则我有权绑定该组织。"复选框，如图 1-19 所示，单击"下一页"按钮。

**图 1-19 "适用的声明和许可条款"窗口**

**步骤 4** 在"你想执行哪种类型的安装？"界面中，"升级：安装 Microsoft Server 操作系统并保留文件、设置和应用程序"选项用于从早期的 Windows Server 版本升级到 Windows Server 2022，如果当前计算机中没有安装网络操作系统，则该选项不可用；双击"自定义：仅安装 Microsoft Server 操作系统"选项，如图 1-20 所示。

图 1-20　"你想执行哪种类型的安装？"界面

**步骤 5**　进入图 1-21 所示的"你想将 Windows 安装在哪里？"界面。该界面显示了当前计算机硬盘的分区信息。如果服务器安装有多块硬盘，则会依次显示为驱动器 0、驱动器 1、驱动器 2……对硬盘进行分区。单击"新建"按钮，在"大小"文本框中输入分区大小，如 100 000 MB，如图 1-21 所示。单击"应用"按钮，弹出图 1-22 所示的自动创建额外分区的提示对话框，单击"确定"按钮，完成系统分区（第 1 个分区）和主磁盘分区（第 2 个分区）的创建。其他分区照此操作。

图 1-21　"你想将 Windows 安装在哪里？"界面

图 1-22　自动创建额外分区的提示对话框

**步骤 6**　完成分区创建后的界面如图 1-23 所示。

图 1-23　完成分区创建后的界面

**步骤 7**　选择"驱动器 0 分区 4"来安装网络操作系统，单击"下一步"按钮，进入图 1-24 所示的"正在安装 Windows"界面，开始复制文件并安装 Windows。

图 1-24　"正在安装 Windows"界面

**步骤 8**　在安装过程中，系统会根据需求自动重新启动。在安装完成之前，要求用户设置 Administrator 账户的密码，如图 1-25 所示。

图 1-25　设置 Administrator 的密码

对于账户密码，Windows Server 2022 的要求非常严格，无论是管理员账户还是普通账户，都要求必须设置强密码。除了必须满足"至少 6 个字符"和"不包含 Administrator 或 admin"的要求外，还需至少满足以下 4 个条件中的 2 个。

- 包含大写字母（A、B、C 等）。
- 包含小写字母（a、b、c 等）。
- 包含数字（0、1、2 等）。
- 包含非字母、非数字字符（#、&、~等）。

**步骤 9**　按要求输入密码，按 Enter 键，即可完成 Windows Server 2022 的安装。按 Alt+Ctrl+Delete 组合键，输入 Administrator 账户的密码就可以正常登录 Windows Server 2022 了。系统默认自动打开"服务器管理器"窗口，如图 1-26 所示。

图 1-26　"服务器管理器"窗口

**提示**　Windows Admin Center 是本地部署的基于浏览器的应用，用于管理 Windows 服务器、集群、超融合基础设施和 Windows 10 操作系统的计算机。它是免费的，可在生产中使用。

**步骤 10** 选择 VMware 菜单栏中的"虚拟机"→"安装 VMware Tools"选项，在计算机的"此电脑"窗口中双击"DVD 驱动器（D:）VMware Tools"，如图 1-27 所示。按照向导完成驱动程序的安装后，自动重新启动计算机。

图 1-27 双击"DVD 驱动器（D:）VMware Tools"

> **注意** 在没有安装 VMware Tools 之前，切换鼠标需要同时按 Ctrl 和 Alt 键，安装后则无须切换，并可以自由地在宿主机和虚拟机间使用复制和粘贴功能。虽然不安装 VMware Tools 也可以运行客户机操作系统，但很多 VMware 功能只能在安装 VMware Tools 后才能使用。例如，未在虚拟机中安装 VMware Tools 时，无法从客户机操作系统中获取检测信号信息，或者无法使用工具栏中的关机或重新启动选项。用户只能使用电源选项，并且必须从每个虚拟机控制台中关闭客户机操作系统，也无法使用 VMware Tools 连接和断开虚拟设备以及压缩虚拟磁盘。

**步骤 11** 激活 Windows Server 2022。选择"开始"→"设置"→"系统"→"关于"选项，打开图 1-28 所示的"关于"界面。该界面右下方会显示操作系统的激活状况，用户可以在此激活 Windows Server 2022 网络操作系统和更改产品密钥。激活有助于验证操作系统的副本是否为正版，以及在多台计算机上使用的操作系统数量是否已超过 Microsoft 软件许可条款所允许的数量。激活的最终目的在于防止软件伪造。如果不激活，则可以试用该操作系统。

图 1-28 "关于"界面

**步骤 12**　以管理员身份登录 Server1，选择 VMware 菜单栏中的"虚拟机"→"快照"→"拍摄快照"选项，制作计算机安装成功的初始快照，以便实训后将系统恢复到初始状态。至此，Windows Server 2022 网络操作系统安装完成，现在就可以使用它了。

**任务 1-4**　配置 Windows Server 2022 网络操作系统

在网络操作系统安装完成后，应先进行一些基本配置，如更改计算机名、配置 IP 地址、修改工作组等，这些均可在"服务器管理器"窗口中完成。

**1. 更改计算机名**

Windows Server 2022 在安装过程中不需要设置计算机名，而是使用系统随机配置的计算机名。但系统配置的计算机名不仅冗长，还不便于标记。为了更好地标识计算机，应将其更改为易记或有一定意义的名称。

**步骤 1**　选择"开始"→"Windows 系统"→"控制面板"→"系统和安全"→"管理工具"→"服务器管理器"选项，或者直接单击"服务器管理器"按钮，打开"服务器管理器"窗口。选择该窗口左侧的"本地服务器"选项，进入"本地服务器"界面，如图 1-29 所示。

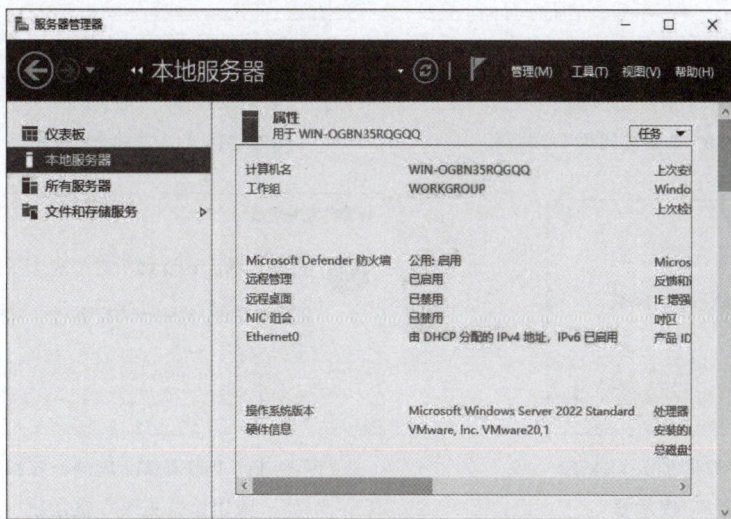

**图 1-29　"本地服务器"界面**

**步骤 2**　单击"计算机名"和"工作组"右侧的名称，可对计算机名和工作组名进行修改。单击计算机名，弹出"系统属性"对话框，如图 1-30 所示。

**步骤 3**　单击"更改"按钮，弹出图 1-31 所示的"计算机名/域更改"对话框。在"计算机名"文本框中输入新的名称，如"Server1"；在"工作组"文本框中可以更改计算机所处的工作组。

**步骤 4**　单击"确定"按钮，弹出"欢迎加入 COMP 工作组。"提示框，如图 1-32 所示。单击"确定"按钮，弹出"必须重新启动计算机才能应用这些更改"提示框，如图 1-33 所示。

**步骤 5**　单击"确定"按钮，回到"系统属性"对话框，单击"确定"按钮，关闭"系统属性"对话框。

图 1-30　"系统属性"对话框

图 1-31　"计算机名/域更改"对话框

图 1-32　"欢迎加入 COMP
工作组。"提示框

图 1-33　"必须重新启动计算机才能
应用这些更改"提示框

**步骤 6**　在弹出的提示必须重新启动计算机以应用更改的对话框中单击"立即重新启动"按钮，即可重新启动计算机，并应用新的计算机名。若单击"稍后重新启动"按钮，则不会立即重新启动计算机。

### 2. 配置网络

配置网络是提供各种网络服务的前提。Windows Server 2022 安装完成以后，默认自动从网络中的动态主机配置协议（Dynamic Host Configuration Protocol，DHCP）服务器获得 IP 地址。不过，由于 Windows Server 2022 是用来为网络提供服务的，所以通常需要设置静态 IP 地址。另外，还可以配置网络发现、文件共享等功能，实现与网络的正常通信。

（1）配置 TCP/IP

**步骤 1**　选择"开始"→"Windows 系统"→"控制面板"→"网络和 Internet"→"网络和共享中心"选项，打开图 1-34 所示的"网络和共享中心"窗口。

图 1-34　"网络和共享中心"窗口

**步骤 2**　单击"Ethernet0"，弹出"Ethernet0 状态"对话框，如图 1-35 所示。

**步骤 3**　单击"属性"按钮，弹出图 1-36 所示的"Ethernet0 属性"对话框。Windows Server 2022 中包含 IPv6 和 IPv4，并且默认都已启用。

图 1-35　"Ethernet0 状态"对话框

图 1-36　"Ethernet0 属性"对话框

**步骤 4**　在"此连接使用下列项目"列表框中勾选"Internet 协议版本 4（TCP/IPv4）"

图1-37 "Internet 协议版本4( TCP/IPv4)
属性"对话框

复选框，单击"属性"按钮，弹出图1-37所示的"Internet 协议版本4（TCP/ IPv4）属性"对话框。选中"使用下面的 IP 地址"单选按钮，分别输入为该服务器分配的 IP 地址、子网掩码、默认网关，并配置 DNS 服务器地址。如果要通过 DHCP 服务器获取 IP 地址，则保留默认的"自动获得 IP 地址"设置。

**步骤5** 单击"确定"按钮，保存所做的修改。

（2）启用"网络发现"功能

Windows Server 2022 的"网络发现"功能用来控制局域网中计算机和设备的发现与隐藏。如果启用"网络发现"功能，则可以显示当前局域网中发现的计算机，也就是"网络邻居"功能。同时，其他计算机也可以发现当前计算机。如果关闭"网络发现"功能，则既不能发现其他计算机，当前计算机也不会被发现。但关闭"网络发现"功能时，其他计算机仍可以通过搜索或指定计算机名、IP 地址的方式访问当前计算机，但当前计算机不会显示在其他用户的"网络邻居"中。

为了便于计算机之间的互相访问，可以启用"网络发现"功能。在图1-34所示的"网络和共享中心"窗口中单击"更改高级共享设置"，打开图1-38所示的"高级共享设置"窗口，选中"启用网络发现"单选按钮，并单击"保存更改"按钮，即可启用"网络发现"功能。

图1-38 "高级共享设置"窗口

（3）启用"文件和打印机共享"功能

网络管理员可以通过启用"文件和打印机共享"功能，实现为其他用户提供服务或访问其他计算机上的共享资源的功能。在图 1-38 所示的"高级共享设置"窗口中选中"启用文件和打印机共享"单选按钮，并单击"保存更改"按钮，即可启用"文件和打印机共享"功能。

（4）启用"有密码保护的共享"功能

在图 1-38 所示的窗口中单击"所有网络"右侧的 ⊙ 按钮，展开"所有网络"的高级共享设置，如图 1-39 所示。

**图 1-39　"所有网络"的高级共享设置**

• 可以启用"启用共享以便可以访问网络的用户可以读取和写入公用文件夹中的文件"功能。

• 如果启用"有密码保护的共享"功能，则其他用户必须使用当前计算机上有效的用户账户和密码才可以访问共享资源。Windows Server 2022 默认启用该功能。

**3. 设置虚拟内存**

在 Windows 操作系统中，如果内存不够用，则系统会把内存中暂时不用的一些数据写到

**图 1-40** "系统属性"对话框
的"高级"选项卡

磁盘中，以腾出内存空间给其他应用程序使用；当系统需要这些数据时，再重新把数据从磁盘读回内存中。用来临时存放内存数据的磁盘空间称为虚拟内存。建议将虚拟内存的大小设为实际内存大小的1.5 倍，若虚拟内存太小，会导致系统没有足够的内存空间运行程序，特别是当实际的内存不大时。下面是设置虚拟内存的具体步骤。

**步骤 1** 选择"开始"→"设置"→"系统"→"关于"→"高级系统设置"选项，弹出"系统属性"对话框，选择"高级"选项卡，如图 1-40 所示。

**步骤 2** 单击"设置"按钮，弹出"性能选项"对话框，选择"高级"选项卡，如图 1-41 所示。

**步骤 3** 单击"更改"按钮，弹出"虚拟内存"对话框，如图 1-42 所示，取消勾选"自动管理所有驱动器的分页文件大小"复选框，选中"自定义大小"单选按钮，并设置初始大小为 40 000 MB，最大值为 60 000 MB，单击"设置"按钮。单击"确定"按钮并重新启动计算机，即可完成虚拟内存的设置。

**图 1-41** "性能选项"对话框的"高级"选项卡

**图 1-42** "虚拟内存"对话框

> **注意** 虚拟内存可以分布在不同的驱动器中，总的虚拟内存等于各个驱动器上的虚拟内存之和。如果计算机上有多个物理磁盘，则建议把虚拟内存放在不同的磁盘中，以增强虚拟内存的读写性能。虚拟内存的大小可以自定义，即管理员手动指定，或者由系统自行决定。页面文件使用的文件是根目录下的 pagefile.sys，该文件为隐藏文件，不要轻易删除，否则可能会导致系统崩溃。

### 4. 设置外观和个性化

选择"开始"→"Windows 系统"→"控制面板"→"外观和个性化"选项，在"外观和个性化"窗口中可以对计算机的"文件资源管理器选项"和"字体"进行设置，如图 1-43 所示。

图 1-43 "外观和个性化"窗口

### 5. 配置防火墙，放行 ping 命令

Windows Server 2022 安装完成后，默认自动启用防火墙，而且 ping 命令默认被阻止，互联网控制报文协议（Internet Control Message Protocol，ICMP）包无法穿越防火墙。为了满足后面实训的要求及实际需求，应该设置防火墙，允许 ping 命令通过。放行 ping 命令有以下两种方法。

第 1 种方法是在防火墙设置中新建并启用一条允许 ICMPv4 通过的规则；第 2 种方法是在设置防火墙时，在"入站规则"中启用"文件和打印机共享(回显请求-ICMPv3-In)"的预定义规则（默认不启用）。下面介绍第 1 种方法的具体步骤。

**步骤 1** 选择"开始"→"Windows 系统"→"控制面板"→"系统和安全"→"高级安全 Windows Defender 防火墙"→"高级设置"选项。在打开的"高级安全 Windows Defender 防火墙"窗口中选择左侧的"入站规则"选项，如图 1-44 所示（第 2 种方法在此入站规则中设置即可，请读者自己操作）。

图 1-44 "高级安全 Windows Defender 防火墙"窗口

**步骤 2** 选择"操作"窗格中的"新建规则"选项，弹出"新建入站规则向导"对话框，在"规则类型"界面中选中"自定义"单选按钮，如图 1-45 所示。

图 1-45 "新建入站规则向导"对话框的"规则类型"界面

> **提示**　如果选中"端口"单选按钮，则可以设置基于端口的入站规则。例如，可以设置端口 2121 允许通过防火墙。请读者试着做一做。后续在使用多端口建立虚拟网站时，会用到基于端口的入站规则的建立。

**步骤 3**　选择"协议和端口"选项，弹出"协议和端口"界面，如图 1-46 所示。在"协议类型"下拉列表中选择"ICMPv4"选项。

图 1-46　"新建入站规则向导"对话框的"协议和端口"界面

**步骤 4**　单击"下一步"按钮，在"作用域"界面中选择应用于哪些本地 IP 地址和哪些远程 IP 地址。可以选中"任何 IP 地址"单选按钮。

**步骤 5**　单击"下一步"按钮，选择是否允许连接，此处选中"允许连接"单选按钮。

**步骤 6**　单击"下一步"按钮，选择何时应用本规则。

**步骤 7**　单击"下一步"按钮，输入本规则的名称，如"ICMPv4 规则"。单击"完成"按钮，使新规则生效。

**6. 查看系统信息**

系统信息包括硬件资源、组件和软件环境等内容。选择"开始"→"Windows 系统"→"控制面板"→"系统和安全"→"管理工具"→"系统信息"选项，打开图 1-47 所示的"系统信息"窗口，即可查看系统信息。

图 1-47 "系统信息"窗口

## 任务 1-5 使用 VMware 的快照和复制功能

Windows Server 2022 安装完成后，可以使用 VMware 的快照和复制功能迅速恢复或生成新的虚拟机，这给教学和实训带来了极大便利。

**步骤 1** 将前面安装完成 Server1 的当前配置和活动状态做一次存储，在 VMware 中选中 "Server1"，选择 VMware 菜单栏中的 "虚拟机"→"快照"→"拍摄快照"选项，如图 1-48 所示。

图 1-48 拍摄快照

**步骤 2** 按照向导生成快照 start1（一步步按照向导操作即可，这里不进行详细讲解）。利用该快照可以随时恢复到系统安装成功后的初始状态，这对反复完成实训或排除问题作用很大。

**步骤 3** 选中"Server1"，选择 VMware 菜单栏中的"虚拟机"→"管理"→"克隆"选项，如图 1-49 所示（注意：只有处于关闭状态的虚拟机才可以被复制）。

图 1-49 克隆虚拟机

**步骤 4** 按照向导填写新虚拟机的名称和位置，如图 1-50 所示，单击"完成"按钮，快速生成 Server3 虚拟机（新虚拟机的位置要提前规划好，如 D：\VM\Win2022\Server3）。

图 1-50 填写新虚拟机的名称和位置

**步骤 5** 复制成功后，启动 Server3 虚拟机，以管理员身份登录。注意，Server3 与 Server1 的管理员账户和密码相同，因为 Server3 是复制而来的。

**步骤 6** 在命令提示符窗口中输入"c:\windows\system32\sysprep\sysprep"命令并按 Enter 键，在弹出的"系统准备工具 3.14"对话框中勾选"通用"复选框（图 1-51），单击"确定"按钮，可对 Server3 进行系统清理操作，消除复制的影响。

**图 1-51 消除复制的影响**

**步骤 7** 按照向导完成对 Server3 的重整，并安装 VMware Tools。

**步骤 8** 按照上述方法，分别制作 Server2 和 Server4 虚拟机。

**步骤 9** 制作 Server1、Server2、Server3 和 Server4 的快照，以供后续使用。

## 1.4 习 题

**一、填空题**

1. Windows Server 2022 支持的文件系统包括_____、_____和_____。Windows Server 2022 只能安装在_____分区中。

2. Windows Server 2022 有多种安装方式，分别适用于不同的环境，选择合适的安装方式可以提高工作效率。除了全新安装外，还有_____、_____和_____。

3. 安装 Windows Server 2022 时，内存至少不低于_____，硬盘的可用空间不低于_____，并且只支持_____位版本。

4. Windows Server 2022 的账户密码要求必须符合以下条件：①至少 6 个字符；②不包含 Administrator 或 admin；③包含_____、_____、大写字母（A~Z）、小写字母（a~z）4 组字符中的两组。

5. Windows Server 2022 的版本主要有 3 个，即_____、_____和_____。

6. 页面文件使用的文件是根目录下的_____，不要轻易删除该文件，否则可能会导致系统崩溃。

7. 对于虚拟内存的大小，建议为实际内存大小的_____。

**二、选择题**

1. 在 Windows Server 2022 中，如果要输入 DOS 命令，则应在"运行"对话框中输入（　　）。

A. cmd　　　　　　　B. mmc　　　　　　　C. autoexe　　　　　　D. tty

2. 安装 Windows Server 2022 时生成的 Documents and Settings、Windows，以及 Windows\System32 文件夹是不能随意更改的，因为它们是（　　）。

A. Windows 的桌面

B. Windows 正常运行时所必需的应用软件文件夹

C. Windows 正常运行时所必需的用户文件夹

D. Windows 正常运行时所必需的系统文件夹

3. 有一台服务器的网络操作系统是 Windows Server 2019，文件系统是 NTFS，无任何分区。现要求在该服务器中安装 Windows Server 2022，保留原数据，但不保留网络操作系统，应使用下列（　　）方法进行安装才能满足需求。

A. 在安装过程中进行全新安装并格式化磁盘

B. 对原操作系统进行升级安装，不格式化磁盘

C. 做成双引导系统，不格式化磁盘

D. 重新分区并进行全新安装

4. 现要在一台装有 Windows Server 2019 网络操作系统的计算机上安装 Windows Server 2022，并做成双引导系统。此计算机硬盘的大小是 200 GB，有两个分区，其中，C 盘大小为 100 GB，文件系统是 FAT；D 盘大小为 100 GB，文件系统是 NTFS。为使该计算机成为双引导系统，最好的方法是（　　）。

A. 安装时选择"升级"选项，并且选择 D 盘作为安装盘

B. 全新安装，选择 C 盘中与 Windows 相同的文件夹作为 Windows Server 2022 的安装文件夹

C. 升级安装，选择 C 盘中与 Windows 不同的文件夹作为 Windows Server 2022 的安装文件夹

D. 全新安装，且选择 D 盘作为安装盘

**三、简答题**

1. 简述 Windows Server 2022 的硬件最低配置需求。

2. 在安装 Windows Server 2022 前有哪些注意事项？

3. 简述 Windows Server 2022 的版本及最低安装要求。

## 1.5　项目实训　安装与配置 Windows Server 2022 网络操作系统

**一、实训目的**

- 掌握 Windows Server 2022 网络操作系统桌面环境的配置方法。
- 掌握 Windows Server 2022 网络操作系统防火墙的配置方法。
- 掌握 Windows Server 2022 网络操作系统控制面板，调整计算机的设置。
- 掌握在 Windows Server 2022 网络操作系统中添加用户账户的方法。

**二、项目环境**

某公司新购进一台服务器，硬盘空间为 500 GB。该服务器已经安装了 Windows 10 操作系统和 VMware Workstation 17 Pro，主机名为 Host。Windows Server 2022 网络操作系统的镜像文件已保存在硬盘中。

**三、项目要求**

本项目实训要求如下。

① 在 VMware 中安装 Windows Server 2022 网络操作系统的虚拟机 Server1。

② 配置桌面环境。

* 更改计算机名。

* 虚拟内存大小设为实际内存大小的 2 倍。

* 配置网络：服务器的 IP 地址为 192.168.10.1/24，默认网关为 192.168.10.254，首选 DNS 服务器的 IP 地址为 192.168.10.1。

* 设置显示属性。

* 查看系统信息。

* 利用"Windows 更新"功能将 Windows Server 2022 网络操作系统更新为最新版。

③ 使用规则放行 ping 命令。

④ 使用规则放行通过端口 2121 和端口 8080 的 TCP 流量。

⑤ 关闭防火墙。

⑥ 测试 Host 与 Server1 之间的通信。分别演示 3 种网络连接模式下的通信情况，从而总结出 3 种网络连接模式的区别与应用场所。

⑦ 根据具体的虚拟机环境演示 Server1 连接到 Internet 的方法。

⑧ 使用管理控制台。

⑨ 添加用户账户 WS。

⑩ 以 Server1 为母盘，复制生成 MS1，使用"c:\windows\system32\sysprep\sysprep"命令重整 MS1，并安装 VMware Tools。

⑪ 制作 MS1 的快照，以备后续项目使用。

**四、做一做**

独立完成项目实训，检查学习效果。

# 项目 2
# 部署与管理 Active Directory 域服务

某公司组建的内部办公网络是基于工作组的，近期由于公司业务发展，人员激增，考虑到工作便利和网络安全管理的需要，公司想将基于工作组的网络升级为基于域的网络。现在需要将一台或多台计算机升级为域控制器，并将其他所有计算机加入域，使其成为成员服务器，同时，将原来的本地用户账户和组也升级为域用户和组进行管理。

## 学习要点

- 掌握规划和安装局域网中活动目录的方法。
- 掌握创建域目录林根域的方法。
- 掌握安装额外域控制器的方法。

项目 2　部署与管理
Active Directory 域服务

## 素质要点

- 明确职业技术岗位所需的职业规范，践行社会主义核心价值观。
- "大学之道，在明明德，在亲民，在止于至善。""'高山仰止，景行行止。'虽不能至，然心向往之。"知悉"大学"的真正含义，以德化人，激发爱国情怀。

## 2.1　项目基础知识

活动目录（Active Directory，AD）是 Windows Server 网络操作系统中非常重要的目录服务。活动目录用于存储网络中各种对象的有关信息，包括用户账户、组、打印机、共享文件夹等，并把这些数据存储在目录数据库中，便于管理员和用户查询及使用。活动目录具有安全、可扩展、可伸缩的特点，活动目录域服务与 DNS 集成在一起，可基于策略进行管理。

2-1 微课
Active Directory 域服务

### 2.1.1　认识活动目录

那么什么是活动目录呢？活动目录就是 Windows 网络中的目录服务（Directory Services），

即活动目录域服务（Active Directory Domain Services，AD DS）。目录服务有两方面的内容：目录和与目录相关的服务。

活动目录负责目录数据库的保存、新建、删除、修改与查询等服务，用户能很容易地在目录内找到所需的数据。

Active Directory 域服务的适用范围非常广，它可以用于一台计算机、一个小型局域网或数个广域网结合的环境中。它包含此范围中的所有对象，如文件、打印机、应用程序、服务器、域控制器和用户账户等。使用活动目录具有以下意义。

① 简化管理。

② 提高系统的安全性。

③ 提高系统的性能与可靠性。

> **提示** 命名空间、对象和属性、容器、可重新启动的 Active Directory 域服务、Active Directory 回收站和 Active Directory 域服务的复制模式的相关内容请扫描右侧的二维码学习。

## 2.1.2 认识活动目录的结构

活动目录的结构是指网络中所有用户、计算机，以及其他网络资源的层次关系，就像在一个大型仓库中分出若干个小储藏间，每个小储藏间分别用来存放东西。通常活动目录的结构可以分为逻辑结构和物理结构，分别包含不同的对象。

活动目录的逻辑结构非常灵活，目录中的逻辑单元通常包括架构、域、组织单位、域目录树、域目录林、站点和目录分区。

### 1. 架构

Active Directory 域服务对象类型与属性数据是定义在架构（Schema）内的。例如，它定义了用户对象类型内包含的属性（姓、名、电话等）、每一个属性的数据类型等信息。

隶属于 Schema Admins 组的用户可以修改架构内的数据，应用程序也可以自行在架构内添加其所需的对象类型或属性。在一个域目录林内的所有域目录树共享相同的架构。

### 2. 域

域是指在 Windows Server 2022 网络环境中组建 C/S 网络的实现方式。

### 3. 组织单位

组织单位（Organizational Unit，OU）在活动目录中扮演特殊的角色，它是一个当普通边界不能满足要求时创建的边界。组织单位把域中的对象组织成逻辑管理组，而不是安全组或代表地理实体的组。组织单位是应用组策略和委派责任的最小单位。

组织单位是包含在活动目录中的容器对象。创建组织单位的目的是对活动目录对象进行分类。因此，组织单位是可将用户、组、计算机和其他单元放入活动目录的容器，组织单位不能包括来自其他域的对象。

使用组织单位，用户可在组织单位中代表逻辑层次结构的域中创建容器，这样就可以根据组织模型管理网络资源的配置和使用。可授予用户对域中某个组织单位的管理权限，组织单位的管理员不需要具有域中任何其他组织单位的管理权限。

### 4. 域目录树

当要配置一个包含多个域的网络时，应该将网络配置成域目录树结构，如图 2-1 所示。

在图 2-1 所示的域目录树中，最上层的域名为 China***.com，是这个域目录树的根域，也称为父域；下面两个域 Jinan. China***. com 和 Beijing. China***. com 是 China***.com 域的子域。这 3 个域共同构成了这个域目录树。

### 5. 域目录林

如果网络的规模比前面提到的域目录树还要大，甚至包含多个域目录树，就可以将网络配置为域目录林（也称为森林）结构。域目录林由一个或多个域目录树组成，如图 2-2 所示。域目录林中的每个域目录树都有唯一的命名空间，它们之间并不是连续的，这一点从图 2-2 所示的两个域目录树中可以看到。

图 2-1　域目录树结构

图 2-2　域目录林结构

域目录林中也存在一个根域，这个根域是域目录林中最先安装的域。在图 2-2 所示的域目录林中，因为 China***.com 是最先安装的，所以这个域是根域。

> **注意**
> 在创建域目录林时，组成域目录林的两个域目录树的树根之间会自动创建相互的、可传递的信任关系。由于有了双向的信任关系，域目录林中的每个域中的用户都可以访问其他域的资源，也可以从其他域登录到本域。

### 6. 站点

站点由一个或多个 IP 子网组成，这些子网通过高速网络设备连接在一起。

### 7. 目录分区

Active Directory 域服务数据库被逻辑地分为 4 个目录分区（Directory Partition）：架构目录分区（Schema Directory Partition）、配置目录分区（Configuration Directory Partition）、域目录分区（Domain Directory Partition）和应用程序目录分区（Application Directory Partition）。

活动目录的逻辑结构与物理结构是彼此独立的两个概念。活动目录的逻辑结构侧重于网络资源的管理，而活动目录的物理结构则侧重于网络的配置和优化。活动目录的物理结构的 3 个重要概念是域控制器、只读域控制器和全局编录服务器。

### 1. 域控制器

域控制器是指安装了活动目录的 Windows Server 2022 服务器，它保存了活动目录信息的副本。域控制器管理目录信息的变化，并把这些变化信息复制到同一个域中的其他域控制器上，使各域控制器上的目录信息同步。域控制器负责用户的登录过程及其他与域有关的操作，如身份鉴定、目录信息查找等。一个域可以有多台域控制器。规模较小的域可以只有两台域控制器，一台用于实际应用，另一台用于容错性检查；规模较大的域则使用多台域控制器。

域控制器没有主次之分，采用多主机复制模式，每台域控制器都有一个可写入的目录副本，这为目录信息容错带来了无尽的好处。尽管在某个时刻，不同的域控制器中的目录信息可能有所不同，但一旦活动目录中的所有域控制器执行同步操作，最新的变化信息就会一致。

### 2. 只读域控制器

只读域控制器（Read-Only Domain Controller，RODC）的 Active Directory 域服务数据库只可以读取，不可以修改。也就是说，用户或应用程序无法直接修改 RODC 的 Active Directory 域服务数据库。RODC 的 Active Directory 域服务数据库的内容只能够从其他可读写的域控制器中复制过来。RODC 主要是设计给远程分公司的网络使用的，因为一般来说，远程分公司的网络规模比较小、用户比较少，网络的安全措施或许不如总公司完备，也可能缺乏信息技术（Information Technology，IT）人员，采用 RODC 可避免 Active Directory 域服务数据库被破坏而影响到整个 Active Directory 域服务环境。

### 3. 全局编录服务器

尽管活动目录支持多主机复制模式，然而复制引起的通信流量及网络潜在的冲突导致变化的传播并不一定能够顺利进行，因此有必要在域控制器中指定全局编录（Global Catalog，GC）服务器及操作主机。全局编录是一个信息仓库，包含活动目录中所有对象的部分属性，这部分属性是在查询过程中访问最为频繁的属性。利用这些信息，可以定位任何一个对象实际所在的位置。全局编录服务器是一个域控制器，它保存了全局编录的一份副本，并执行对全局编录的查询操作。全局编录服务器可以提高活动目录中大范围内对象检索的性能。例如，在域目录林中查询所有的打印机时，如果没有全局编录服务器，那么必须调动域目录林中每一个域的查询过程。如果域中只有一台域控制器，那么它就是全局编录服务器；如果域中有多台域控制器，那么管理员必须把其中一台域控制器配置为全局编录服务器。

## 2.2　项目设计与准备

### 2.2.1　项目设计

下面利用图 2-3 来说明如何建立一个域目录林中的第 1 个域（根域）。这里将在项目 1 中安装的 Server1 升级为域控制器并建立域，架设根域的第 2 台域控制器（Server2）、第 3 台域控制器（Server3）、第 4 台域控制器（Server4）和一台加入域的成员服务器（MS1），如图 2-3 所示。

> **提示**　建议利用 VMware 或 Hyper-V 等提供虚拟环境的软件来搭建图 2-3 所示的网络环境。若复制现有虚拟机，则要记得使用 "c:\windows\system32\sysprep\sysprep" 命令并勾选 "通用" 复选框，因为复制生成的虚拟机要进行重整后才能正常使用。为了不相互干扰，VMware 虚拟机的网络连接模式采用 "仅主机模式"。
>
> 角色：第1台域控制器、DNS服务器
> 主机名：Server1
> IP地址：192.168.10.1/24
> DNS：192.168.10.1
>
> 角色：第2台域控制器（额外域控制器）
> 主机名：Server2
> IP地址：192.168.10.2/24
> DNS：192.168.10.1
>
> long60.cn
>
> 角色：第3台域控制器（RODC）
> 主机名：Server3
> IP地址：192.168.10.3/24
> DNS：192.168.10.1
>
> 角色：成员服务器
> 主机名：MS1
> IP地址：192.168.10.100/24
> DNS：192.168.10.1
>
> 角色：第4台域控制器（利用安装介质实现）
> 主机名：Server4
> IP地址：192.168.10.4/24
> DNS：192.168.10.1
>
> 图 2-3　Active Directory 域服务网络环境的拓扑结构

> **特别注意**　本项目涉及的虚拟机非常多，后面会交叉用到，因此一定要在每台服务器升级成为域控制器前制作快照。后面会持续用到这些完成初始安装的快照。若没有制作快照，则后面继续使用时，将其降级为成员服务器或独立服务器。初始安装后制作快照是一个好习惯。

## 2.2.2 项目准备

将在项目 1 中安装的 Server1 升级为域控制器（安装 Active Directory 域服务），因为它是第 1 台域控制器，所以这个升级操作会同时完成下面的工作。

- 建立一个新域目录林。
- 建立新域目录林中的第 1 个域目录树。
- 建立新域目录树中的第 1 个域。
- 建立新域中的第 1 台域控制器。
- Server1 自动更名为 Server1.long60.cn。

换句话说，在建立图 2-3 中的第 1 台域控制器 Server1.long60.cn 时，会同时建立此域控制器所属的域 long60.cn、域 long60.cn 所属的域目录树，而域 long60.cn 也是此域目录树的根域。由于建立的是第 1 个域目录树，因此同时会建立一个新域目录林，名字就是第 1 个域目录树根域的名字 long60.cn，域 long60.cn 就是整个域目录林的根域。

我们将通过新建服务器角色的方式，将 Server1 升级为网络中的第 1 台控制器。

> **注意** 超过一台计算机参与环境部署时，一定要保证各计算机间的通信畅通，否则无法进行后续的工作。

## 2.3 项目实施

### 任务 2-1 创建第 1 台域控制器（域目录林根域）

由于域控制器使用的活动目录和 DNS 有非常密切的关系，因此网络中要求有 DNS 服务器，并且 DNS 服务器要支持动态更新。如果没有 DNS 服务器，则可以在创建域时把 DNS 安装上。这里假设图 2-3 中的 Server1 服务器尚未安装 DNS，介绍创建域目录林中的第 1 台域控制器的方法。

#### 1. 安装 Active Directory 域服务

活动目录在整个网络中的重要性不言而喻。经过在 Windows Server 2019 的基础上不断完善，Windows Server 2022 中的活动目录功能更加强大，管理更加方便。在 Windows Server 2022 中安装活动目录时，需要先安装 Active Directory 域服务，再将服务器升级为域控制器，从而完成活动目录的安装。

Active Directory 域服务的主要作用是存储目录数据并管理域之间的通信，包括用户登录处理、身份验证和目录搜索等。

**步骤 1** 将 Server1 的名称、IP 地址等按图 2-3 所示的信息进行配置（图 2-3 中采用了 TCP/IPv4）。注意，将计算机名称设置为 Server1 即可，等升级为域控制器后，它会被自动改为 Server1.long60.cn。

**步骤 2** 以管理员身份登录到 Server1，选择"开始"→"Windows 系统"→"控制面板"→"系统和安全"→"管理工具"→"服务器管理器"选项，在打开的"服务器管理器"窗口中单击"添加角色和功能"，打开图 2-4 所示的"添加角色和功能向导"窗口。

图 2-4　"添加角色和功能向导"窗口

> **提示**　请读者注意图 2-4 中的"启动'删除角色和功能'向导"链接。如果安装完 Active Directory 域服务后需要删除该服务角色,则单击"启动'删除角色和功能'向导"链接即可。

**步骤 3**　持续单击"下一步"按钮,直到进入图 2-5 所示的"选择服务器角色"界面,勾选"Active Directory 域服务"复选框,在打开的"添加角色和功能向导"对话框中单击"添加功能"按钮。

图 2-5　"选择服务器角色"界面

**步骤 4** 持续单击"下一步"按钮，直到进入图 2-6 所示的"确认安装所选内容"界面。

图 2-6 "确认安装所选内容"界面

**步骤 5** 单击"安装"按钮开始安装。安装完成后显示图 2-7 所示的界面，提示 Active Directory 域服务已经安装成功。

图 2-7 "安装进度"界面

> **提示**　如果在图 2-7 所示的界面中直接单击"关闭"按钮，则之后要想将相应服务器升级为域控制器，需单击图 2-8 所示的"服务器管理器"窗口右上方的旗帜图标 🏳，再单击"将此服务器提升为域控制器"链接。

#### 2. 安装活动目录

**步骤 1**　在图 2-7 或图 2-8 所示的窗口中单击"将此服务器提升为域控制器"链接，进入图 2-9 所示的"Active Directory 域服务配置向导"窗口的"部署配置"界面，选中"添加新林"单选按钮，设置根域名（本例为 long60.cn），创建一台全新的域控制器。如果网络中已经存在其他域控制器或域目录林，则可以选中"将新域添加到现有林"单选按钮，在现有域目录林中进行安装。

图 2-8　"将此服务器提升为域控制器"链接

图 2-9　"Active Directory 域服务配置向导"窗口的"部署配置"界面

"选择部署操作"选项组中的 3 个选项的具体含义如下。

- "将域控制器添加到现有域"：可以向现有域添加第 2 台或更多的域控制器。
- "将新域添加到现有林"：在现有域目录林中创建现有域的子域。
- "添加新林"：创建全新的域。

> **提示** 网络既可以配置一台域控制器，又可以配置多台域控制器，以分担用户的登录和访问。多台域控制器可以一起工作，并会自动备份用户账户和活动目录数据，即使部分域控制器瘫痪，网络访问仍然不受影响，从而提高了网络的安全性和稳定性。

**步骤 2**  单击"下一步"按钮，进入图 2-10 所示的"域控制器选项"界面。

**图 2-10 "域控制器选项"界面**

① 设置林功能级别和域功能级别。不同的林功能级别可以向下兼容不同平台的 Active Directory 域服务功能。选择"Windows Server 2008"选项，可以提供 Windows Server 2008 网络操作系统平台以上的所有 Active Directory 域服务功能；选择"Windows Server 2016"选项，可以提供 Windows Server 2016 网络操作系统平台以上的所有 Active Directory 域服务功能。用户可以根据实际的网络环境选择合适的功能级别。设置不同的域功能级别主要是为了兼容不同平台下的网络用户和子域控制器，在此只能设置 Windows Server 2016 的域控制器（注意：Windows Server 2022 的最高功能级别仍然是 Windows Server 2016）。

② 指定域控制器功能。因为默认在此服务器上直接安装 DNS 服务器，所以向导将自动创建 DNS 区域委派。无论 DNS 服务是否与 Active Directory 域服务集成，都必须将其安装在部署有目录林根域的第 1 台域控制器上。

③ 第 1 台域控制器需要扮演全局编录服务器的角色。

④ 第 1 台域控制器不可以是 RODC。

⑤ 设置目录服务还原模式的密码。因为有时需要备份和还原活动目录，且还原时（启动系统时按 F8 键）必须进入"目录服务还原模式"，所以此处要求输入使用"目录服务还原模式"的密码。由于该密码和管理员密码可能不同，所以一定要牢记。

> **提示**　安装后若要设置林功能级别，则可登录域控制器，打开"Active Directory 域和信任关系"窗口，用鼠标右键单击"Active Directory 域和信任关系"，在弹出的快捷菜单中选择"提升林功能级别"选项，再选择相应的林功能级别。

**步骤 3**　单击"下一步"按钮，显示图 2-11 所示的警告信息，目前不会有影响，因此不必理会它，直接单击"下一步"按钮。

图 2-11　警告信息

**步骤 4**　在图 2-12 所示的"其他选项"界面中，系统会自动为此域设置一个 NetBIOS 域名，也可以对其进行更改。如果名称已被占用，则安装程序会自动指定一个建议名称。设置完成后，单击"下一步"按钮。

**步骤 5**　在图 2-13 所示的"路径"界面中，用户可以单击"浏览"按钮 更改相关路径。其中，"数据库文件夹"用来存储 Active Directory 域服务数据库；"日志文件文件夹"用来存储 Active Directory 域服务数据库的变更日志，以便于日常管理和维护；"SYSVOL 文件夹"用来存储域共享文件（如组策略相关的文件）。需要注意的是，"SYSVOL 文件夹"必须保存在 NTFS 格式的分区中。设置完成后，单击"下一步"按钮。

**步骤 6**　在"查看选项"界面中单击"下一步"按钮。

图 2-12 "其他选项"界面

图 2-13 "路径"界面

**步骤 7** 在图 2-14 所示的"先决条件检查"界面中，如果检查顺利通过，则直接单击"安装"按钮，否则要先按提示排除问题。安装完成后，计算机会自动重新启动。

图 2-14　"先决条件检查"界面

**步骤 8**　重新启动计算机，升级为域控制器之后，必须使用域用户账户登录，格式为"域名\用户账户"，如图 2-15（a）所示。选择界面左下角的"其他用户"可以更换登录用户，如图 2-15（b）所示。

● 用户 SamAccountName 登录。用户可以利用诸如 long60\administrator 的名称来登录，其中 long60 是 NetBIOS 域名。同一个域中，此名称必须是唯一的。Windows NT、Windows 98 等旧版操作系统不支持 UPN 登录，因此只能使用此种登录方式。图 2-15（a）所示为此种登录方式。

● UPN 登录。用户可以利用与电子邮件账户格式相同的名称来登录，如 administrator@long60.cn，此名称被称为用户主体名称（User Principal Name，UPN）。此名称在域目录林中是唯一的。图 2-15（b）所示为此种登录方式。

（a）　　　　　　　　　　　　　　　　　（b）

图 2-15　登录界面

（a）用户 SamAccountName 登录界面；（b）UPN 登录界面

### 3. 验证 Active Directory 域服务的安装

活动目录安装完成后，在 Server1 上可以从各方面进行验证。

（1）查看计算机名

选择"开始"→"Windows 系统"→"控制面板"→"系统和安全"→"系统"→"高级系统设置"，弹出"系统属性"对话框。选择"计算机名"选项卡，可以看到计算机已经由工作组成员变为域成员，而且是域控制器，计算机名称已经变为"Server1. long60. cn"。

（2）查看管理工具

活动目录安装完成后，会添加一系列的活动目录管理工具，包括"Active Directory 用户和计算机""Active Directory 站点和服务""Active Directory 域和信任关系"等。选择"开始"→"Windows 管理工具"选项，可以找到这些管理工具的快捷方式。"服务器管理器"窗口的"工具"菜单中也会增加这些管理工具。

（3）查看活动目录对象

选择"开始"→"Windows 管理工具"→"Active Directory 用户和计算机"选项，或者在"服务器管理器"窗口中选择"工具"→"Active Directory 用户和计算机"选项，打开"Active Directory 用户和计算机"窗口。可以看到企业的域名为 long60. cn，单击该域，窗口右侧的详细信息窗格中会显示域中的各个容器，其中包括一些内置容器，主要有以下几种。

- Builtin：存放活动目录域中的内置组账户。
- Computers：存放活动目录域中的计算机账户。
- Users：存放活动目录域中的一部分用户和组账户。
- Domain Controllers：存放域控制器的计算机账户。

（4）查看 Active Directory 域服务数据库

Active Directory 域服务数据库文件保存在%Systemroot%\NTDS（本例为 C：\Windows\NTDS）文件夹中，其主要文件如下。

- ntds. dit：数据库文件。
- edb. chk：检查点文件。
- temp. edb：临时文件。

（5）查看 DNS 记录

活动目录正常工作需要 DNS 服务器的支持。活动目录安装完成后，重新启动 Server1 时，会自动向 DNS 注册相应的服务器资源记录（SRV 记录），它记录了哪台计算机提供了哪些服务的信息。

选择"开始"→"Windows 管理工具"→"DNS"选项，或者在"服务器管理器"窗口中选择"工具"→"DNS"选项，打开"DNS 管理器"窗口。一个注册了 SRV 记录的 DNS 服务器如图 2-16 所示。

如果因为域成员本身的设置有误或者网络问题，它们无法将数据注册到 DNS 服务器，则可以在问题解决后重新启动这些计算机或利用以下方法来手动注册。

- 如果某域成员计算机的名称与 IP 地址没有正确注册到 DNS 服务器，则可到此计算机上运行"ipconfig /registerdns"命令来手动注册，完成后再到 DNS 服务器检查是否已有正确记录。例如，域成员计算机的名称为 Server1. long60. cn，IP 地址为 192. 168. 10. 1，则检查域 long60. cn 内是否有 Server1 的记录、其 IP 地址是否为 192. 168. 10. 1。

图 2-16　一个注册了 SRV 记录的 DNS 服务器

· 如果发现域控制器并没有将其扮演的角色注册到 DNS 服务器，也就是并没有类似图 2-16 所示的_tcp 等文件夹与相关记录，则可到此域控制器上选择"开始"→"Windows 管理工具"→"服务"，打开图 2-17 所示的窗口，选中"Netlogon"，单击左边的"重启动此服务"来实现注册，也可以使用以下命令来实现。

```
netstop netlogon
net start netlogon
```

图 2-17　重新启动 Netlogon 服务

试一试　手动添加 SRV 记录无效。将注册成功的 DNS 服务器中的 long60.cn 域下面的 SRV 记录删除一些，试着在域控制器上使用以上命令恢复 DNS 服务器中被删除的内容（使用命令后单击鼠标右键，在弹出的快捷菜单中选择"刷新"选项即可）。

**特别提示** "服务器管理器"窗口的"工具"菜单中包含"Windows 管理工具"中的所有工具。因此，一般情况下，凡是集成在"Windows 管理工具"中的工具都能在"服务器管理器"窗口的"工具"菜单中找到。为了后面描述方便，后续项目中在提到工具时，会采用其中一种方式且会简略表述。请读者从此刻开始，做到对打开管理工具和"服务器管理器"窗口的方法了然于心。

### 任务 2-2　将 MS1 加入 long60. cn 域

下面将 MS1 独立服务器（IP 地址为 192.168.10.100/24）加入 long60. cn 域，将 MS1 升级为 long60. cn 的成员服务器。MS1 与 Server1 的网络连接模式都是"仅主机模式"。具体步骤如下。

**步骤 1**　在 MS1 上确认 Internet 协议版本 4（TCP/IPv4）属性中的首选 DNS 服务器指向了 Server1，即 192.168.10.1。

**步骤 2**　选择"开始"→"Windows 系统"→"控制面板"→"系统和安全"→"系统"→"高级系统设置"选项，弹出"系统属性"对话框。选择"计算机名"选项卡，单击"更改"按钮，弹出"计算机名/域更改"对话框，在"隶属于"中选中"域"单选按钮，并输入要加入的域的名称"long60. cn"，单击"确定"按钮。

**步骤 3**　输入有权限加入该域的账户的名称和密码，单击"确定"按钮后重新启动计算机即可。例如，输入该域控制器 Server1. long60. cn 的管理员账户和密码，如图 2-18 所示。

**步骤 4**　加入域后（需重新启动计算机），其完整计算机名会包含域名，即图 2-19 所示的 MS1. long60. cn。单击"关闭"按钮，按照界面提示重新启动计算机。

图 2-18　将 MS1 加入 long60. cn 域　　　　图 2-19　加入 long60. cn 域后的 MS1 的全名

### 任务 2-3　利用已加入域的计算机登录

除了利用本地用户账户登录外，还可以在已加入域的计算机上利用本地域用户账户登录。

#### 1. 利用本地用户账户登录

在 MS1 登录界面中按 Ctrl+Alt+Delete 组合键后，进入图 2-20 所示的界面，默认让用户利用本地系统管理员 Administrator 的身份登录，因此只要输入 Administrator 的密码即可。

此时，系统会利用本地安全性数据库来检查账户与密码是否正确。如果正确，则可以成功登录，也可以访问计算机内的资源（若有权限），但无法访问域内其他计算机的资源，除非在连接其他计算机时再输入有权限的账户名与密码。

#### 2. 利用本地域用户账户登录

如果要利用本地域管理员 Administrator 的身份登录，则可以选择图 2-20 所示界面左下角的"其他用户"选项，进入图 2-21 所示的"其他用户"登录界面，即利用本地域用户账户登录界面，输入本地域管理员的账户（long60\administrator）与密码，单击"登录"按钮 ➡ 即可登录。

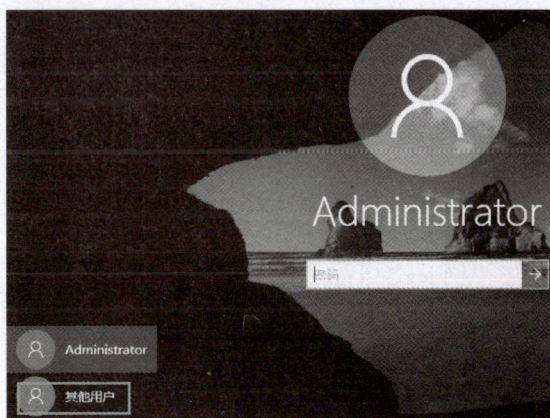

图 2-20　利用本地账户登录界面　　　　图 2-21　利用本地域用户账户登录界面

### 任务 2-4　安装额外域控制器与 RODC

若一个域内有多台域控制器，就有以下优势。

① 提高用户登录的效率。若同时有多台域控制器来为客户端提供服务，则可以分担用户身份验证（账户与密码）工作，提高用户登录的效率。

② 提供容错功能。若有域控制器出现故障，则仍然可以由其他正常的域控制器来继续提供服务，因此对用户的服务不会停止。

在安装额外域控制器（Additional Domain Controller）时，需要将 Active Directory 域服务数据库从现有的域控制器复制到新的域控制器中。然而，若 Active Directory 域服务数据库的数据量非常庞大，则这个复制操作势必会增加网络负担，尤其是新域控制器位于远程网络内时。系统提供了以下两种复制 Active Directory 域服务数据库的方法。

① 通过网络直接复制。若 Active Directory 域服务数据库的数据量庞大，则此方法会增加网络负担、影响网络运行效率。

② 通过安装介质复制。这种方法需要先到一台域控制器内制作安装介质，其中包含 Active Directory 域服务数据库；再将安装介质复制到 U 盘、CD、DVD 等媒体或共享文件夹内；最后在安装额外域控制器时，要求安装向导到这个媒体或共享文件夹内读取安装介质内的 Active Directory 域服务数据库。这种方法可以大幅减轻网络负担。若在安装介质制作完成之后，现有域控制器的 Active Directory 域服务数据库内有新的数据变动，则这些少量的数据会在完成额外域控制器的安装后，通过网络自动复制过来。

下面说明如何将图 2-22 所示的网络拓扑结构中的 Server2 升级为常规额外域控制器（可写域控制器），将 Server3 升级为 RODC。其中，Server2 为域 long60.cn 的成员服务器，Server3 为独立服务器。

图 2-22　long60.cn 域的网络拓扑结构

#### 1. 通过网络直接复制来安装额外域控制器

Server1、Server2 和 Server3 的网络连接模式都是"仅主机模式"，首先要保证这 3 台服务器通信畅通。

**步骤 1**   在图 2-22 所示的 Server2 与 Server3 上安装 Windows Server 2022，IP 地址等按照图 2-22 所示的信息来设置（图 2-22 中采用 TCP/IPv4），同时将 Server2 加入域 long60. cn。

注意，将计算机名称分别设置为 Server2 与 Server3 即可，等升级为域控制器后，它们会被自动改为 Server2. long60. cn 与 Server3. long60. cn。

**步骤 2**   在 Server2 上安装 Active Directory 域服务，操作方法与第 1 台域控制器的方法完全相同。安装完 Active Directory 域服务后，单击"将此服务器提升为域控制器"链接，开始活动目录的安装。

**步骤 3**   当进入"部署配置"界面时，单击"将域控制器添加到现有域"单选按钮，在"域"文本框中直接输入"long60. cn"，或者单击"选择"按钮进行"域"的选择操作；单击"更改"按钮，弹出"Windows 安全中心"对话框，指定可以通过相应主域控制器验证的用户账户凭据，该用户账户必须隶属于 Domain Admins 组，拥有域管理员权限，例如，根域控制器的管理员账户 long60 \ administrator （或 long60. cn \ administrator），如图 2-23 所示。

**图 2-23   "部署配置"界面**

> **注意**   只有 Enterprise Admins 或 Domain Admins 组内的用户有权建立其他域控制器。若现在登录的账户不属于这两个组（例如，现在登录的账户为本机 Administrator），则需另外指定有权限的用户账户，如图 2-23 所示。

**步骤 4**   单击"下一步"按钮，进入图 2-24 所示的"域控制器选项"界面。

① 选择是否在此服务器上安装 DNS 服务器（默认会），本例选择在 Server2 上安装 DNS 服务器。

② 选择是否将其设定为全局编录服务器（默认会）。

③ 选择是否将其设定为 RODC（默认不会）。

④ 设置目录服务还原模式的密码。

**步骤 5**   单击"下一步"按钮，进入图 2-25 所示的界面，取消勾选"更新 DNS 委派"复选框。注意，如果不存在 DNS 委派却勾选了此复选框，则在后面将会报错。

图 2-24　"域控制器选项"界面

图 2-25　"DNS 选项"界面

**步骤6**　单击"下一步"按钮，进入图 2-26 所示的界面，继续单击"下一步"按钮，会直接从其他任何一台域控制器复制 Active Directory 域服务数据库。

图 2-26　"其他选项"界面

**步骤 7**　在图 2-27 所示的界面中可直接单击"下一步"按钮。

图 2-27　"路径"界面

**步骤 8**　在"查看选项"界面中单击"下一步"按钮。

**步骤9** 在图2-28所示的"先决条件检查"界面中，若检查顺利通过，则直接单击"安装"按钮，否则先根据界面提示排除问题。

图2-28 "先决条件检查"界面

**步骤10** 安装完成后，计算机会自动重新启动，重新登录即可。

## 2. 通过网络直接复制来安装RODC

在Server3上安装RODC，Server3为独立服务器。Server2和Server3的网络连接模式都是"仅主机模式"，首先要保证两台服务器通信畅通。

**步骤1** 在Server3上安装Active Directory域服务，操作方法与第1台域控制器的方法完全相同。安装完Active Directory域服务后，单击"将此服务器提升为域控制器"链接，开始活动目录的安装。

**步骤2** 当进入"部署配置"界面时，选中"将域控制器添加到现有域"单选按钮，在"域"文本框中直接输入"long60.cn"，或者单击"选择"按钮进行"域"的选择操作；单击"更改"按钮，弹出"Windows安全中心"对话框，指定可以通过相应主域控制器验证的用户账户凭据，该用户账户必须隶属于Domain Admins组，拥有域管理员权限，例如，根域控制器的管理员账户long60\administrator，如图2-29所示。

**步骤3** 单击"下一步"按钮，进入图2-30所示的"域控制器选项"界面，勾选"只读域控制器（RODC）"复选框，设置目录服务还原模式的密码，单击"下一步"按钮，直到安装成功，计算机自动重新启动。

**步骤4** 在Server1上选择"开始"→"Windows管理工具"→"DNS"选项，打开"DNS管理器"窗口，检查DNS服务器内是否有域控制器Server2.long60.cn与Server3.long60.cn的相关记录，如图2-31所示（Server2、Server3上的DNS服务器与此类似）。

图 2-29　"部署配置"界面

图 2-30　"域控制器选项"界面

图 2-31　检查 DNS 服务器

Server2、Server3 这两台域控制器的 Active Directory 域服务数据库的内容是从其他域控制器复制过来的，而这两台域控制器内原本的本地账户会被删除。

> **注意**　在 Server1（第 1 台域控制器）升级成为域控制器之前，原本位于本地安全性数据库内的本地用户账户会在升级后被转移到 Active Directory 域服务数据库内，且是被放置到 Users 容器内的。这台域控制器的计算机账户会被放置到 Domain Controllers 组织单位中，其他加入域的计算机账户默认会被放置到 Computers 容器内。
>
> 只有在创建域内的第 1 台域控制器时，服务器原来的本地用户账户才会被转移到 Active Directory 域服务数据库内，其他域控制器（如本例中的 Server2、Server3）原来的本地用户账户并不会被转移到 Active Directory 域服务数据库内，而会被删除。

**步骤 5**　在 Server1 上选择"开始"→"Windows 管理工具"→"Active Directory 用户和计算机"选项，打开"Active Directory 用户和计算机"窗口，检查 Domain Controllers 组织单位中是否存在 Server1、Server2、Server3（只读）等域控制器，如图 2-32 所示（Server2、Server3 上的情况与此类似）。

### 3. 通过安装介质来安装额外域控制器

先到一台域控制器上制作安装介质，也就是将 Active Directory 域服务数据库存储到安装介质内，并将安装介质复制到 U 盘或共享文件夹内；在安装额外域控制器时，要求安装向导从安装介质中读取 Active Directory 域服务数据库。这种方法可以大幅减轻网络负担（为提升效率，完成本例时，可暂时将 Server2 和 Server3"挂机"）。

图 2-32　"Active Directory 用户和计算机" 窗口

（1）制作安装介质

在现有的域控制器上执行 ntdsutil 命令制作安装介质。

● 若此安装介质是要给额外域控制器使用的，则需在现有的额外域控制器上执行 ntdsutil 命令。

● 若此安装介质是要给 RODC 使用的，则可以在现有的额外域控制器或 RODC 上执行 ntdsutil 命令。

**步骤 1**　在域控制器 Server1 上利用域管理员的身份登录。

**步骤 2**　选中"开始"菜单并单击鼠标右键，在弹出的快捷菜单中选择"运行"选项，在弹出的"运行"对话框的"打开"文本框中输入"cmd"，单击"确定"按钮。

**步骤 3**　在命令提示符窗口中输入以下命令后，按 Enter 键（操作界面可参考图 2-33）。

```
ntdsutil
```

**步骤 4**　在 ntdsutil 提示符下执行以下命令。

```
activate instance ntds
```

此命令会将域控制器的 Active Directory 域服务数据库设置为"使用中"状态。

**步骤 5**　在 ntdsutil 提示符下执行以下命令。

```
ifm
```

**步骤 6**　在 ifm 提示符下执行以下命令。

```
create sysvol full c:\InstallationMedia
```

**注意**　此命令假设要将安装介质的内容存储到 C：\InstallationMedia 文件夹内。其中，sysvol 表示要制作包含 ntds.dit 与 SYSVOL 的安装介质；full 表示要制作供额外域控制器使用的安装介质。若要制作供 RODC 使用的安装介质，则将 full 改为 RODC。

**步骤 7**　成功创建 IFM 媒体信息后，连续执行两次 quit 命令来结束 ntdsutil。图 2-33 所示为制作安装介质时的部分操作界面。

**步骤 8**　将 C：\InstallationMedia 文件夹内的所有数据复制到 U 盘或共享文件夹内。

图 2-33　制作安装介质时的部分操作界面

（2）安装额外域控制器

**步骤 1**　将 U 盘或共享文件夹内的安装介质放到即将扮演额外域控制器角色的 Server4（可以复制生成，但必须重整）中，本例将其放到 Server4 的 C：\InstallationMedia 文件夹内。设置 Server4 的计算机名称为 Server4，IP 地址为 192.168.10.4/24，DNS 服务器的 IP 地址为 192.168.10.1。

**步骤 2**　安装额外域控制器的方法与前面讲的大致相同，因此下面仅列出不同之处。在图 2-34 所示的界面中勾选"从介质安装"复选框，并在"路径"处指定存储安装介质的文件夹 C：\ InstallationMedia。在安装过程中，会从安装介质所在的文件夹 C：\ InstallationMedia 复制 Active Directory 域服务数据库。

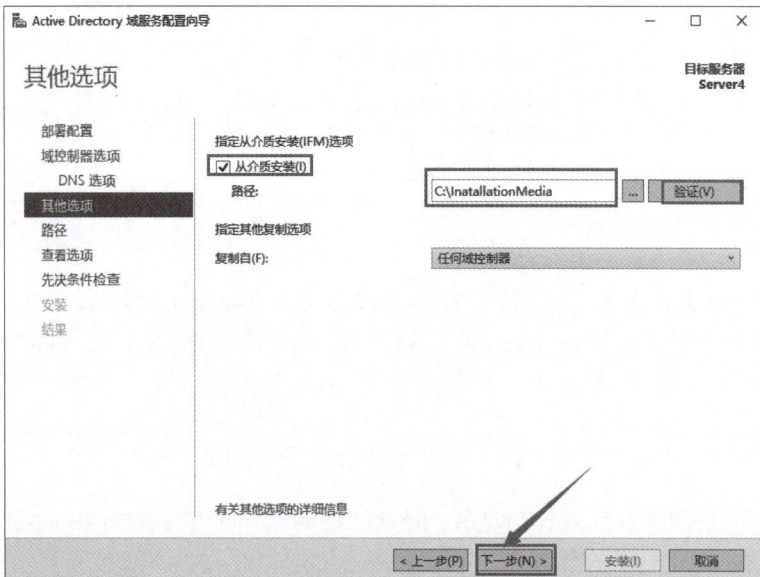

图 2-34　勾选"从介质安装"复选框

#### 4. 修改密码复制策略与 RODC 的委派设置

若要修改密码复制策略设置或 RODC 系统管理工作的委派设置，则可在打开图 2-35 所示的"Active Directory 用户和计算机"窗口后，选择"Domain Controllers"中扮演 RODC 角色的域控制器，再单击上方的"属性"按钮图，在弹出的属性对话框中，通过图 2-36 所示的"密码复制策略"与"管理者"选项卡来进行设置。

图 2-35 "Active Directory 用户和计算机"窗口

图 2-36 "密码复制策略"与"管理者"选项卡

也可以选择"开始"→"Windows 管理工具"→"Active Directory 管理中心"选项，通过"Active Directory 管理中心"窗口来修改上述设置：打开"Active Directory 管理中心"窗口后，选择"Domain Controllers"中扮演 RODC 角色的域控制器，如图 2-37 所示，选择"任务"窗格中的"属性"选项，通过图 2-38 所示的"管理者"与"扩展"中的"密码复制策略"选项卡来设置。

图 2-37 选择扮演 RODC 角色的域控制器

图 2-38 "密码复制策略"选项卡

### 5. 验证额外域控制器是否正常运行

Server1 是第 1 台域控制器，Server2 已经升级为额外域控制器，现在可以将成员服务器 MS1 的首选 DNS 服务器指向 Server1，备用 DNS 服务器指向 Server2，当 Server1 发生故障时，Server2 可以负责域名解析和身份验证等工作，从而实现不间断服务。

**步骤1**　在 MS1 上配置"首选 DNS 服务器"的 IP 地址为 192.168.10.1，"备用 DNS 服务器"的 IP 地址为 192.168.10.2。

**步骤2**　在 Server1 的"Active Directory 用户和计算机"窗口中建立供测试用的域用户 domainuser1（新建用户时，姓名和用户登录名都是 domainuser1）。刷新 Server2、Server3 的"Active Directory 用户和计算机"窗口中的 Users 容器，发现 domainuser1 几乎同时同步到了这两台域控制器上。

**步骤3**　将 Server1 暂时关闭，在 VMware 中也可以将 Server1 暂时挂起。

**步骤4**　在 MS1 上注销原来的 Administrator 账户后，以"其他用户"的身份登录，使用 long60.cn\domainuser1 登录域，如图 2-39 所示。观察是否能够登录成功，如果可以登录成功，则说明可以提供活动目录的不间断服务，也验证了额外域控制器安装成功。下面转到 Server2 上进行操作。

**步骤5**　选择 Server2 的"服务器管理器"→"工具"→"Active Directory 站点和服务"选项，打开"Active Directory 站点和服务"窗口，选择"Sites"→"Default - First - Site - Name"→"Servers"→"SERVER2"→"NTDS Settings"并单击鼠标右键，在弹出的快捷菜单中选择"属性"选项，如图 2-40 所示。

图 2-39　在 MS1 上使用域
用户账户 domainuser1 登录验证

**步骤6**　在弹出的"NTDS Settings 属性"对话框中取消勾选"全局编录"复选框，单击"应用"按钮后再单击"确定"按钮，如图 2-41 所示。

**步骤7**　在"服务器管理器"窗口中选择"工具"→"Active Directory 用户和计算机"选项，打开"Active Directory 用户和计算机"窗口，选择"Domain Controllers"，可以看到 Server2 的"DC 类型"由之前的 GC 变为现在的 DC，如图 2-42 所示。

图 2-40　"Active Directory 站点和服务"窗口

图 2-41　取消勾选"全局编录"复选框

图 2-42　查看 Server2 的"DC 类型"

任务 2-5　转换服务器角色

　　Windows Server 2022 网络操作系统的服务器在域中可以有 3 种角色：域控制器、成员服务器和独立服务器。当一台装有 Windows Server 2022 网络操作系统的成员服务器安装了活动目录，它就成为域控制器，域控制器可以对用户的登录等进行验证。装有 Windows Server 2022 网络操作系统的成员服务器还可以只加入域，而不安装活动目录，此时服务器的主要功能是提供网络资源，这样的服务器称为成员服务器。严格来说，独立服务器和域没有什么关系。如果服务器不加入域，也不安装活动目录，则称其为独立服务器。服务器的 3 种角色的转换如图 2-43 所示。

### 1. 域控制器降级

在域控制器上把活动目录删除，服务器就降级为成员服务器了，成员服务器脱离域，就成为独立服务器了，如图 2-43 所示。下面以 Server2 降级为例，介绍具体步骤。（切记，Server1 必须正常开启！）

（1）删除活动目录注意要点

用户删除活动目录也就是将域控制器降级。降级时要注意以下 3 点。

**图 2-43　服务器的 3 种角色的转换**

① 如果要被降级的域控制器所在的域内还有其他域控制器，则它被降级为该域的成员服务器。

② 如果要被降级的域控制器是其所在域的最后一台域控制器，则该域控制器被删除，而该计算机被降级为独立服务器。降级后，该域内将不存在任何域控制器。

③ 如果要被降级的域控制器扮演"全局编录"的角色，则将其降级后，它将不再扮演"全局编录"的角色，因此要先确定网络中是否还有其他"全局编录"域控制器。如果没有，则要先指派一台域控制器来扮演"全局编录"的角色，否则将影响用户的登录操作。

> **提示**　指派"全局编录"这一角色时，可以选择"开始"→"Windows 管理工具"→"Active Directory 站点和服务"→"Sites"→"Default-First-Site-Name"→"Servers"选项，展开要扮演"全局编录"角色的服务器名称，用鼠标右键单击"NTDS Settings"选项，在弹出的快捷菜单中选择"属性"选项，在"NTDS Settings 属性"对话框中勾选"全局编录"复选框。

（2）删除活动目录

**步骤 1**　以管理员身份登录 Server2，单击"服务器管理器"按钮，在图 2-44 所示的窗口中选择"管理"→"删除角色和功能"选项。

**图 2-44　"删除角色和功能"选项**

**步骤 2** 在图 2-45 所示的窗口中取消勾选"Active Directory 域服务"复选框，在弹出的"删除角色和功能向导"对话框中单击"删除功能"按钮。

图 2-45 删除服务器角色和功能

**步骤 3** 在图 2-46 所示的对话框中单击"将此域控制器降级"链接，将域控制器降级。

图 2-46 将域控制器降级

**步骤 4** 在图 2-47 所示的窗口中，如果当前用户有权删除此域控制器，则单击"下一步"按钮，否则单击"更改"按钮来输入新的账户与密码。

**提示** 如果因故无法删除域控制器（例如，在删除域控制器时，需要能够先连接到其他域控制器，但是一直无法连接，或者要删除的是域中的最后一台域控制器），则勾选图 2-47 所示窗口中的"强制删除此域控制器"复选框即可，一般情况下保持默认设置，取消勾选此复选框。

图 2-47　"Active Directory 域服务配置向导"窗口

**步骤 5**　在图 2-48 所示的界面中勾选"继续删除"复选框后，单击"下一步"按钮。

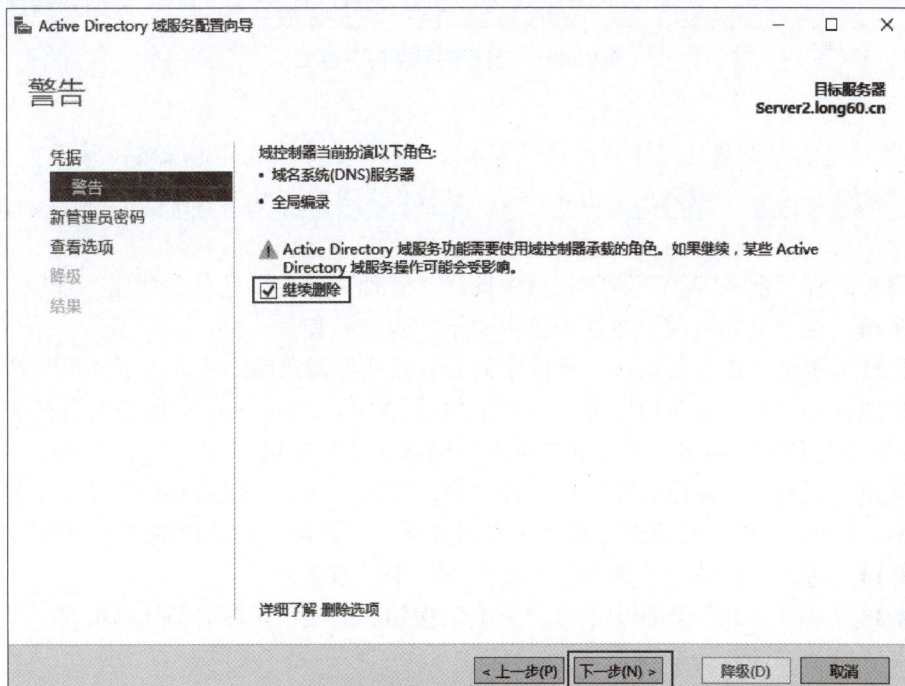

图 2-48　"警告"界面

**步骤 6** 在图 2-49 所示的界面中为这台即将被降级为独立服务器或成员服务器的计算机设置本地新管理员密码，单击"下一步"按钮。

**步骤 7** 在"查看选项"界面中单击"降级"按钮。

**步骤 8** 计算机自动重新启动后，请以域管理员账户重新登录。（图 2-49 中设置的是降级后的 Server2 的本地新管理员密码。）

图 2-49 "新管理员密码"界面

> **注意** 虽然这台服务器已经不再是域控制器了，但此时其 Active Directory 域服务组件仍然存在，并没有被删除。因此，可以直接将其升级为域控制器。

**步骤 9** 在"服务器管理器"窗口中选择"管理"→"删除角色和功能"选项。

**步骤 10** 在"开始之前"界面中单击"下一步"按钮。

**步骤 11** 确认"服务器选择"界面中的服务器选择无误后，单击"下一步"按钮。

**步骤 12** 在"服务器角色"界面中取消勾选"Active Directory 域服务"复选框，在弹出的"删除角色和功能向导"对话框中单击"删除功能"按钮。

**步骤 13** 回到"删除服务器角色"界面时，确认"Active Directory 域服务"复选框已经被取消勾选（也可以一起取消勾选"DNS 服务器"复选框）后，单击"下一步"按钮。

**步骤 14** 进入"功能"界面时，单击"下一步"按钮。

**步骤 15** 在"确认"界面中单击"删除"按钮，完成后重新启动计算机。

### 2. 成员服务器降级为独立服务器

删除 Server2 中的 Active Directory 域服务后，它降级为域 long60. cn 中的成员服务器。现在将该成员服务器继续降级为独立服务器。

　　首先在 Server2 上以域管理员（long60\administrator）或本地管理员（Server2\administrator）身份登录。登录成功后，选择"开始"→"Windows 系统"→"控制面板"→"系统和安全"→"系统"→"高级系统设置"选项，弹出"系统属性"对话框，选择"计算机名"选项卡，单击"更改"按钮，弹出"计算机名/域更改"对话框；在"隶属于"中选中"工作组"单选按钮，并输入服务器从域中脱离后要加入的工作组的名称（本例为 WORKGROUP），单击"确定"按钮；输入有权限让 Server2 脱离该域的账户和密码，确定后重新启动计算机即可。

　　至此，Server2 已经变成一台独立服务器了。

## 任务 2-6　创建子域

　　本任务要求创建 long60.cn 的子域 china.long60.cn。创建子域之前，读者需要先了解本任务实例的部署需求和部署环境。

### 1. 部署需求

　　在向现有域中添加域控制器之前需满足以下要求。

　　① 设置域中父域控制器和子域控制器的 TCP/IP 属性，手动指定 IP 地址、子网掩码、默认网关和 DNS 服务器的 IP 地址等。

　　② 部署域环境，父域名为 long60.cn，子域名为 china.long60.cn。

### 2. 部署环境

　　图 2-50 所示为创建子域的网络拓扑结构。

角色：第1台域控制器、DNS服务器
主机名：Server1
IP地址：192.168.10.1/24
DNS：192.168.10.1

角色：第2台域控制器、DNS服务器
主机名：Server2
IP地址：192.168.10.2/24
首选DNS：192.168.10.1
备用DNS：192.168.10.2

long60.cn

角色：第3台域控制器（RODC）
主机名：Server3
IP地址：192.168.10.3/24
DNS：192.168.10.1

角色：成员服务器
主机名：MS1
IP地址：192.168.10.100/24
DNS：192.168.10.1

角色：第4台域控制器（利用安装介质实现）
主机名：Server4
IP地址：192.168.10.4/24
DNS：192.168.10.1

图 2-50　创建子域的网络拓扑结构

　　本任务所有实例被部署在域环境下，父域名为 long60.cn，子域名为 china.long60.cn。其中，父域的域控制器主机名为 Server1，其本身也是 DNS 服务器，IP 地址为 192.168.10.1/24；子域的域控制器主机名为 Server2，其本身也是 DNS 服务器，IP 地址为 192.168.10.2/24。

> **提示**　本例中仅用到 Server1 和 Server2，Server2 在前几个实例中是额外域控制器，降级后成为独立服务器。下面会将 Server2 升级为子域的域控制器。

### 3. 创建子域

在 Server2 上同时安装 Active Directory 域服务和 DNS 服务，使其成为子域 china. long60. cn 中的域控制器，具体步骤如下。

**步骤 1** 在 Server2 上以管理员账户登录，在 "Internet 协议版本 4（TCP/IPv4）属性"对话框中，按图 2-50 所示的信息配置 Server2 的 IP 地址、子网掩码、默认网关，以及 DNS 服务器的 IP 地址。

> **特别注意** 首选 DNS 服务器的 IP 地址一定要设置为父域的域控制器的 IP 地址 192. 168. 10. 1，备用 DNS 服务器的 IP 地址可以设置成本机的 IP 地址，也可以不设置。若不设置，则待全部安装完成后，系统会自动将备用 DNS 服务器的 IP 地址设置为 127. 0. 0. 1。

**步骤 2** 为 Server2 添加 "Active Directory 域服务"角色和功能，过程请参见任务 2-1 中的 "1. 安装 Active Directory 域服务"，这里不赘述。

**步骤 3** 启动 Active Directory 域服务配置向导（启动方法请参考任务 2-1 中的 "2. 安装活动目录"），当进入 "部署配置"界面时，选中 "将新域添加到现有林"单选按钮，选择或输入父域名 "long60. cn"，再输入新域名 "china"。（注意，不是 china. long60. cn。）

**步骤 4** 单击 "更改"按钮，弹出 "Windows 安全中心"对话框，输入有权限的账户 "administrator@ long60. cn"及其密码，单击 "确定"按钮，如图 2-51 所示。

图 2-51 "部署配置"界面

**步骤 5** 单击 "下一步"按钮，进入 "域控制器选项"界面，勾选 "域名系统（DNS）

服务器"复选框以安装 DNS 服务器，设置目录服务还原模式的密码，单击"下一步"按钮，如图 2-52 所示。

图 2-52　"域控制器选项"界面

**步骤 6**　在"DNS 选项"界面中默认勾选"创建 DNS 委派"复选框，如图 2-53 所示。注意，前面的例子中若勾选"创建 DNS 委派"复选框则会出错，请读者思考原因。

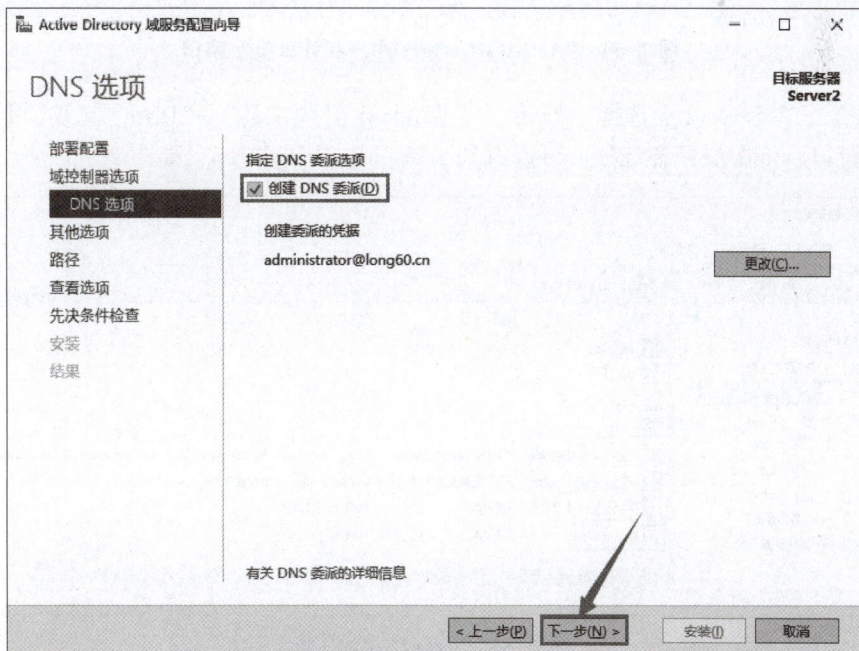

图 2-53　"DNS 选项"界面

**步骤7** 单击"下一步"按钮，设置"NetBIOS 域名"。持续单击"下一步"按钮，在"先决条件检查"界面中，如果检查顺利通过，则直接单击"安装"按钮，否则要先按提示排除问题。安装完成后，计算机会自动重新启动。

**步骤8** 升级为域控制器之后，必须使用域用户账户登录，格式为"域名\用户账户"，如图 2-15（a）所示，选择"其他用户"可以更换登录用户。

> **注意** 这里的 china\administrator 域用户是 Server2 子域控制器中的管理员账户，不是 Server1 的，请读者务必注意。

#### 4. 验证子域

**步骤1** 重新启动 Server2 后，以管理员身份登录到子域。选择"服务器管理器"→"工具"→"Active Directory 用户和计算机"选项，打开"Active Directory 用户和计算机"窗口，可以看到 china. long60. cn 子域，如图 2-54 所示。

图 2-54 "Active Directory 用户和计算机"窗口

**步骤2** 在 Server2 上选择"开始"→"Windows 管理工具"→"DNS"选项，打开"DNS 管理器"窗口，依次展开各选项，可以看到子域 china. long60. cn，如图 2-55 所示。

图 2-55 Server2 上的子域

**思考**　请打开 Server1 的 DNS 服务器的 "DNS 管理器" 窗口，观察 china 域下面有何记录。图 2-56 所示为父域域控制器中的 "DNS 管理器" 窗口。

图 2-56　父域域控制器中的 "DNS 管理器" 窗口

**试一试**　在 VMware 中再新建一台 Windows Server 2022 网络操作系统的虚拟机，计算机名为 MS2，IP 地址为 192.168.10.200，子网掩码为 255.255.255.0，DNS 服务器的 IP 地址在第 1 种情况下设置为 192.168.10.1，在第 2 种情况下设置为 192.168.10.2。将 DNS 服务器分两种情况分别加入 china.long60.cn，是否都能成功？能否将其设置为主、辅 DNS 服务器？做完后请认真思考。

### 5. 验证父子信任关系

通过前面的任务，我们构建了 long60.cn 及其子域 china.long60.cn，而子域和父域的双向、可传递信任关系是在安装域控制器时就自动建立的，同时，由于域目录林中的信任关系是可传递的，因此同一域目录林中的所有域都显式或者隐式地相互信任。

**步骤 1**　在 Server1 上以域管理员账户登录，选择 "服务器管理器"→"工具"→"Active Directory 域和信任关系" 选项，打开 "Active Directory 域和信任关系" 窗口，可以对域之间的信任关系进行管理，如图 2-57 所示。本例还安装了域目录林（long60.cn）的另一个域目录树 smile60.cn。

图 2-57　"Active Directory 域和信任关系" 窗口

**步骤 2** 在窗口左侧用鼠标右键单击"long60.cn"选项，在弹出的快捷菜单中选择"属性"选项，弹出"long60.cn 属性"对话框，选择"信任"选项卡，可以看到 long60.cn 和其他域的信任关系，如图 2-58 所示。该对话框的上部列出的是 long60.cn 所信任的域，表明 long60.cn 信任其子域 china.long60.cn 及 smile60.cn；该对话框的下部列出的是信任 long60.cn 的域，表明其子域 china.long60.cn 和 smile60.cn 信任父域 long60.cn。也就是说，long60.cn 和 china.long60.cn、smile60.cn 分别有双向信任关系。

**步骤 3** 在图 2-57 所示的窗口中，用鼠标右键单击"china.long60.cn"选项，在弹出的快捷菜单中选择"属性"选项，查看其信任关系，如图 2-59 所示。可以发现，该域只是显式地信任其父域 long60.cn，而和另一域目录树中的根域 smile60.cn 并无显式的信任关系。可以直接创建 long60.cn 和 smile60.cn 之间的信任关系，以减少信任的路径。

图 2-58　long60.cn 的信任关系

图 2-59　china.long60.cn 的信任关系

## 任务 2-7 熟悉多台域控制器的情况

### 1. 更改 PDC 操作主机

如果域内有多台域控制器，主域控制器（Primary Domain Controller，PDC）操作主机角色默认由域内的第 1 台域控制器扮演。可以在 Server1 上选择"服务器管理器"→"工具"→"Active Directory 用户和计算机"选项，打开"Active Directory 用户和计算机"窗口，选择"long60.cn"选项并单击鼠标右键，在弹出的快捷菜单中选择"操作主机"选项，弹出"操作主机"对话框，选择"PDC"选项卡，查看扮演 PDC 操作主机角色的是哪一台域控制器（例如，图 2-60 中的操作主机为 Server1.long60.cn），如图 2-60 所示。

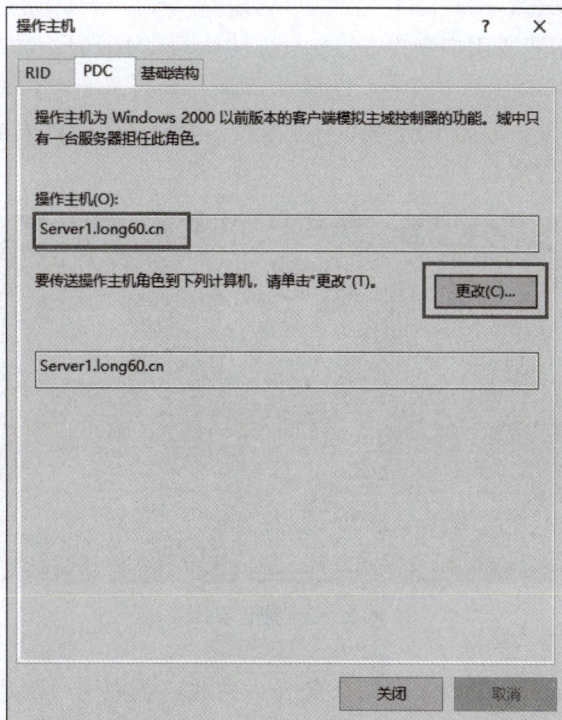

图 2-60　"操作主机"对话框

## 2. 更改域控制器

如果要连接到其他域控制器，则可在"Active Directory 用户和计算机"窗口中选择"long60.cn"选项并单击鼠标右键，在弹出的快捷菜单中选择"更改域控制器"选项，如图 2-61 所示。

图 2-61　选择"更改域控制器"选项

### 3. 登录疑难问题排除

当在 Server1 上利用普通用户账户 long60\domainuser1 登录时，如果进入图 2-62 所示的"不允许使用你正在尝试的登录方式······"警告界面，则表示此用户账户在这台域控制器上没有允许本地登录的权限，原因可能是尚未被授权、策略设置值尚未被复制到此域控制器或尚未应用。解决问题的方法如下。

图 2-62　警告界面

除了域 Administrators 等少数组内的成员外，其他一般域用户账户默认无法在域控制器上登录，除非另外授权。

一般用户必须在域控制器上拥有允许本地登录的权限，才可以在域控制器上登录。此权限可以通过组策略来授予，可到任何一台域控制器（如 Server1）上进行如下操作。

**步骤 1**　以域管理员账户登录 Server1，选择"服务器管理器"→"工具"→"组策略管理"→"林：long60. cn"→"域"→"long60. cn"→"Domain Controllers"选项，选择"Default Domain Controllers Policy"选项并单击鼠标右键，在弹出的快捷菜单中选择"编辑"选项，如图 2-63 所示。

图 2-63　选择"编辑"选项

**步骤 2**　在"组策略管理编辑器"窗口中双击"计算机配置"处的"策略"选项，选择"Windows 设置"→"安全设置"→"本地策略"→"用户权限分配"选项，双击其右侧的"允许本地登录"选项，在弹出的对话框中单击"添加用户或组"按钮，将相应用户或组加入列表框，单击"确定"按钮，本例将 domainuser1 添加进来，如图 2-64 所示。这里要特别注意，由于 Administrators 组默认不在此列表框中，所以必须将其一起添加进来。

图 2-64　添加用户或组

**步骤 3**　需要等设置值被应用到域控制器后设置才会有效，实现的方法有以下 3 种。
- 重新启动域控制器。
- 等域控制器自动应用此新策略设置，可能需要等待 5 分钟或更久。
- 手动应用：在域控制器上运行"gpupdate"或"gpupdate/force"命令。

**步骤 4**　可以在已经完成应用的域控制器上，用前面创建的新用户账户来测试是否能正常登录。本例可使用 long60\domainuser1 在 Server1 上进行登录测试。

## 2.4　习　题

### 一、填空题

1. 通过 Windows Server 2022 网络操作系统组建 C/S 模式的网络时，应该将网络配置为_____。

2. 在 Windows Server 2022 网络操作系统中，活动目录存放在_____中。

3. 在 Windows Server 2022 网络操作系统中安装_____后，计算机便成为一台域控制器。

4. 同一个域中的域控制器的地位是_____。在域目录树中，子域和父域的信任关系是_____。成员服务器上安装了_____就升级为域控制器。

5. Windows Server 2022 网络操作系统的服务器的 3 种角色是_____、_____和_____。

6. 活动目录的逻辑结构包括_____、_____、_____和_____等。

7. 活动目录的物理结构的 3 个重要概念是_____、_____和_____。

8. 无论 DNS 服务是否与 Active Directory 域服务集成，都必须将其安装在部署 Active Directory 域服务域目录林根域的第_____台域控制器上。

9. Active Directory 域服务数据库文件保存在_____。

10. 解决在 DNS 服务器中未能正常添加 SRV 记录的问题时，需要重新启动_____服务。

**二、判断题**

1. 在一台装有 Windows Server 2022 网络操作系统的计算机上安装活动目录后，计算机就成了域控制器。　　　　　　　　　　　　　　　　　　　　　　　　　　（　　）

2. 客户机在加入域时，需要正确设置首选 DNS 服务器的 IP 地址，否则无法加入。

（　　）

3. 在一个域中，至少有一台域控制器，也可以有多台域控制器。　　　　　（　　）

4. 管理员只能在服务器上对整个网络实施管理。　　　　　　　　　　　（　　）

5. 域中所有账户信息都存储于域控制器中。　　　　　　　　　　　　　（　　）

6. 组织单位是应用组策略和委派责任的最小单位。　　　　　　　　　　（　　）

7. 一个组织单位只指定一个受委派管理员，不能为一个组织单位指定多个管理员。

（　　）

8. 同一域目录林中的所有域都显式或者隐式地相互信任。　　　　　　　（　　）

9. 一个域目录树不能称为域目录林。　　　　　　　　　　　　　　　　（　　）

**三、简答题**

1. 什么时候需要安装多个域目录树？

2. 什么是活动目录、域、域目录树和域目录林？

3. 什么是信任关系？

4. 为什么在域中常常需要 DNS 服务器？

5. 活动目录中存放了什么信息？

## 2.5　项目实训　部署与管理 Active Directory 域服务

**一、实训目的**

- 掌握规划和安装局域网中的活动目录的方法和技巧。
- 掌握创建域目录林根域的方法和技巧。
- 掌握安装额外域控制器的方法和技巧。
- 掌握创建子域的方法和技巧。
- 掌握创建双向、可传递的域目录林信任关系的方法和技巧。

- 掌握备份与恢复活动目录的方法和技巧。
- 掌握将服务器的 3 种角色相互转换的方法和技巧。

## 二、项目环境

随着公司的发展壮大，已有的工作组模式网络已经不能满足公司的业务需求。经过多方论证，确定了公司服务器的网络拓扑结构，如图 2-65 所示。服务器操作系统选择 Windows Server 2022。

图 2-65　项目实训网络拓扑结构

## 三、项目要求

根据图 2-65 所示的拓扑结构，构建满足公司需求的域环境。具体要求如下。

① 创建域 long60.cn，域控制器的计算机名称为 Server1。

② 安装额外域控制器 Server3.long60.cn。

③ 检查安装后的域控制器。将成员服务器 MS1 加入域 long60.cn。

④ 创建子域 china.long60.cn，其域控制器的计算机名称为 Server2。

⑤ 将 MS1 降级为独立服务器，修改计算机名称为 MS2，并将其加入子域 china.long60.cn，使其成为子域的成员服务器。

⑥ 创建域 smile60.cn，域控制器的计算机名称为 Server4。

⑦ 创建 long60.cn 和 smile60.cn 间的双向、可传递信任关系。

⑧ 备份 smile60.cn 域中的活动目录，并利用备份进行恢复。

⑨ 建立组织单位 sales，在其下建立用户 testdomain，并委派对组织单位的管理。

## 四、做一做

独立完成项目实训，检查学习效果。

**提示**　实训中用到的初始虚拟机可通过恢复 Server1~Server4、MS1 的快照得到。

# 项目 3

# 管理用户账户和组

安装完网络操作系统，并完成网络操作系统的环境配置后，管理员应规划一个安全的网络环境，为用户提供有效的资源访问服务。Windows Server 2022 通过建立账户（包括用户账户和组账户）并赋予账户合适的权限，保证网络和计算机资源的使用合法性，以确保数据访问、存储和交换满足安全需求。

如果是单纯的工作组模式的网络，则需要使用"计算机管理"工具来管理本地用户和组；如果是域模式的网络，则需要通过"Active Directory 管理中心"和"Active Directory 用户和计算机"工具来管理整个域环境中的用户和组。

## 学习要点

- 理解管理用户账户的方法。
- 掌握管理本地用户账户和组的方法。
- 掌握一次添加多个用户账户的方法。
- 掌握管理域组账户的方法。
- 掌握组的使用原则。

项目 3 管理用户
账户和组

## 素质要点

- 了解中国国家顶级域名"CN"，了解中国互联网发展中的大事，激发学生的自豪感。
- "古之立大事者，不惟有超世之才，亦必有坚忍不拔之志。"鞭策学生努力学习。

## 3.1 项目基础知识

域管理员需要为每一个域用户分别建立一个用户账户，使其可以利用相应账户来登录域、访问网络中的资源。域管理员同时需要了解如何有效利用组，以便高效地管理资源的访问。

3-1 微课
管理用户账户
和组（一）

域管理员可以利用"Active Directory 管理中心"或"Active Directory 用户和计算机"工具来建立与管理域用户账户。当用户利用域用户账户登录域后，便可以直接连接域内的所有计算机，访问有权访问的资源。换句话说，域用户在一台计算机上成功登录后，要连接域内的其他计算机时，并不需要再登录到被访问的计算机，这个功能称为单点登录。

> **提示**　本地用户账户并不具备单点登录的功能，也就是说，利用本地用户账户登录后，再连接其他计算机时，需要再次登录到被访问的计算机。

　　在服务器升级为域控制器之前，位于其本地安全性数据库内的本地用户账户会在服务器升级为域控制器后，被转移到 Active Directory 域服务数据库内，并且被放置到 Users 容器内，可以通过"Active Directory 管理中心"窗口来查看原本地用户账户的变化情况，如图 3-1 所示（可先单击该窗口上方的树视图图标，已用矩形标注）。同时，这台服务器的计算机账户会被放置到图 3-1 所示的 Domain Controllers 组织单位内。其他加入域的计算机账户默认会被放置到图 3-1 所示的 Computers 容器内。

图 3-1　"Active Directory 管理中心"窗口

　　升级为域控制器后，也可以通过"Active Directory 用户和计算机"窗口来查看本地用户账户的变化情况，如图 3-2 所示。

图 3-2　"Active Directory 用户和计算机"窗口

### 3.1.1　规划新的用户账户

Windows Server 2022 支持两种用户账户：域用户账户和本地用户账户。域用户账户可以登录到域上，并获得访问该网络中资源的权限；本地用户账户只能登录到一台特定的计算机上，并访问其资源。

遵循以下命名约定和密码原则可以简化账户创建后的管理工作。

#### 1. 命名约定

命名约定如下。

- 账户名必须唯一，即本地用户账户在本地计算机上必须是唯一的。
- 账户名不能包含以下字符：*、；、?、∕、\、[、]、:、|、=、,、+、<、>、"。
- 账户名最长不能超过 20 个字符。

#### 2. 密码原则

密码原则如下。

- 一定要给 Administrator 账户指定一个密码，以防止他人随便使用该账户。
- 确定是管理员还是用户拥有密码的控制权。可以给每个用户账户指定唯一的密码，并防止其他用户对其进行更改，也可以允许用户在第一次登录时输入自己的密码。一般情况下，用户应可以控制自己的密码。
- 密码不能设置得太简单，不能让他人随意猜出。
- 密码最多可由 128 个字符组成，推荐最小长度为 8 个字符。
- 密码应由大小写字母、数字，以及合法的非字母、非数字的字符混合组成，如 "P@$$word"。

### 3.1.2　本地用户账户

本地用户账户仅允许用户登录并访问创建该账户的计算机。当创建本地用户账户时，Windows Server 2022 仅在%Systemroot%\System32\config 文件夹下的安全账户管理器（Security Account Manager，SAM）数据库中创建相应账户，如 C:\Windows\System32\config\sam。

Windows Server 2022 默认只有 Administrator 账户和 Guest 账户。Administrator 账户可以执行计算机管理的所有操作；而 Guest 账户是为临时访问用户设置的，默认是禁用的。

Windows Server 2022 为每个账户提供了名称，如 Administrator、Guest 等，这些名称是为了方便用户记忆、输入和使用提供的。本地计算机中的用户账户是不允许重复的。而系统内部则使用安全标识符（Security Identifiers，SID）来识别用户身份，每个用户账户都对应唯一的 SID，这个 SID 在用户创建时由系统自动产生。系统指派角色、授予资源访问权限等都需要使用 SID。当删除一个用户账户后，重新创建名称相同的账户并不能获得先前账户的权限。用户登录后，可以在命令提示符窗口中输入 "whoami /logonid" 命令查询当前用户账户的 SID。

### 3.1.3　本地组

对用户进行分组管理可以更加有效并且灵活地分配设置权限，以方便管理员对 Windows

Server 2022 进行具体的管理。如果 Windows Server 2022 计算机被安装为成员服务器（而不是域控制器），那么它将自动创建一些本地组。如果将特定角色添加到计算机中，则将创建额外的组，用户可以执行与该组角色相对应的任务。例如，计算机被配置成 DHCP 服务器后，将创建管理和使用 DHCP 服务的本地组。

可以在"服务器管理器"→"工具"→"计算机管理"→"本地用户和组"→"组"文件夹中查看默认组。常用的默认组包括以下几种：Administrators、Backup Operators、Guests、Power Users、Print Operators、Remote Desktop Users、Users。

除了上述默认组及管理员自己创建的组外，系统中还有一些特殊组：Anonymous Logon、Everyone、Network、Interactive。

### 3.1.4　创建组织单位与域用户账户

可以将用户账户创建到任何一个容器或组织单位内。下面先创建名称为"网络部"的组织单位，再在其内建立域用户账户 Rose、Jhon、Mike、Bob、Alice。

创建"网络部"组织单位的方法如下：选择"服务器管理器"→"工具"→"Active Directory 管理中心"选项。打开"Active Directory 管理中心"窗口，选中"域名"选项并单击鼠标右键，在弹出的快捷菜单中选择"新建"→"组织单位"选项，在打开的"创建 组织单位：网络部"窗口中输入组织单位名称"网络部"，单击"确定"按钮，如图 3-3 所示。

图 3-3　"创建 组织单位：网络部"窗口

> **注意** 图 3-3 所示的窗口中默认已经勾选了"防止意外删除"复选框，因此无法将此组织单位删除，除非取消勾选此复选框。若使用"Active Directory 用户和计算机"工具，则选择"查看"→"高级功能"选项，选中此组织单位并单击鼠标右键，在弹出的快捷菜单中选择"属性"选项，在弹出的对话框中取消勾选"对象"选项卡中的"防止对象被意外删除"复选框（图 3-4）。

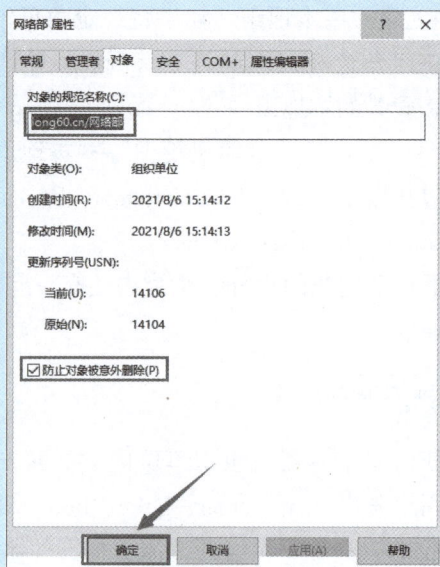

图3-4 "对象"选项卡

在"网络部"组织单位内建立用户账户 Jhon 的方法如下：在"Active Directory 管理中心"，选中"网络部"组织单位并单击鼠标右键，在弹出的快捷菜单中选择"新建用户"选项，在打开的窗口中创建账户，如图3-5所示。注意，域用户的密码默认至少需要7个字符，且不可以包含用户账户名称（指用户 SamAccountName）或全名，至少要包含 A~Z，a~z，0~9，非字母、非数字字符（如！、$、≠、%）4组中的3组。例如，P@ssw0rd 是有效的密码，而 ABCDEF 是无效的密码。若要修改此默认值，则请参考后面相关内容的介绍。根据相同的方法，在该组织单位内创建 Rose、Mike、Bob、Alice 4 个账户（如果 Mike 账户已经存在，则请将其移动到"网络部"组织单位内）。

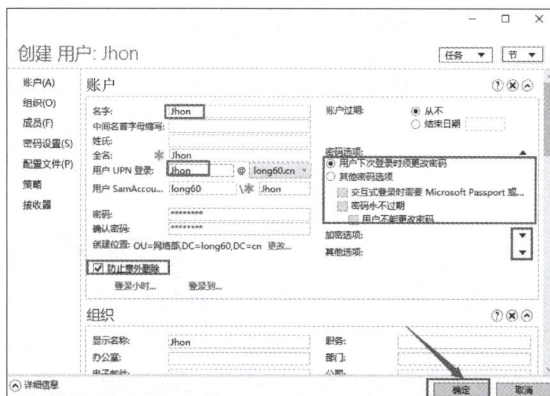

图3-5 "创建用户：Jhon"窗口

### 3.1.5 用户登录账户

域用户可以在域成员计算机（域控制器除外）上利用两种账户登录方式来登录域，它们分别是 UPN 登录与用户 SamAccountName 登录。一般的域用户默认是无法在域控制器上登录的，图 3-6 所示的 Alice 用户是在 "Active Directory 管理中心" 窗口中打开的。

图 3-6　Alice 域用户账户属性

• UPN 登录。UPN 的格式与电子邮件账户的格式相同，例如，Alice@ long60. cn 这个名称只能在隶属于域的计算机上登录域时使用，如图 3-7 所示。在整个域目录林内，这个名称必须是唯一的。

> **注意**　请在 MS1 成员服务器上登录域，默认一般的域用户不能在域控制器上进行本地登录，除非赋予其 "允许本地登录" 权限。

UPN 并不会随着账户被移动到其他域而改变。例如，用户 Alice 的账户位于 long60. cn 域内，其默认的 UPN 为 Alice@ long60. cn，之后即使此账户被移动到域目录林中的另一个域内，如 smile60. cn 域，其 UPN 仍然是 Alice@ long60. cn，不会发生改变，因此 Alice 仍然可以继续使用原来的 UPN 登录。

• 用户 SamAccountName 登录。long60. cn \ Alice 是旧格式的登录账户。Windows 2000 Server 之前版本的旧客户端需要使用这种格式的名称来登录域。在隶属于域的 Windows 2000 Server（含）之后的计算机上也可以采用这种名称来登录域，如图 3-8 所示。在同一个域内，这个名称必须是唯一的。

图 3-7　UPN 登录

图 3-8　用户 SamAccountName 登录

### 3.1.6 创建 UPN 的后缀

用户账户的 UPN 后缀默认是账户所在域的域名。例如，用户账户被建立在 long60.cn 域内，则其 UPN 后缀为 long60.cn。在下面这些情况下，用户可能希望能够改用其他后缀。

· 因 UPN 的格式与电子邮件账户的格式相同，故用户可能希望其 UPN 可以与电子邮件账户相同，以便让其无论是登录域还是收发电子邮件，都可使用一致的名称。

· 若域目录树内有多层子域，则域名会太长，如 network.jinan.long60.cn，UPN 后缀也会过长，这将造成用户在登录时的不便。

可以通过创建 UPN 后缀的方式来让用户拥有替代后缀，步骤如下。

**步骤 1**　选择"服务器管理器"→"工具"→"Active Directory 域和信任关系"选项，打开"Active Directory 域和信任关系"窗口，如图 3-9 所示，单击属性图标。

**步骤 2**　在图 3-10 所示的对话框中输入新的 UPN 后缀后，单击"添加"按钮并单击"确定"按钮，单击"应用"按钮后，再次单击"确定"按钮。注意：后缀不一定是 DNS 格式的，例如，可以是 long60.cn，也可以是 long60。

图 3-9　"Active Directory 域和信任关系"窗口

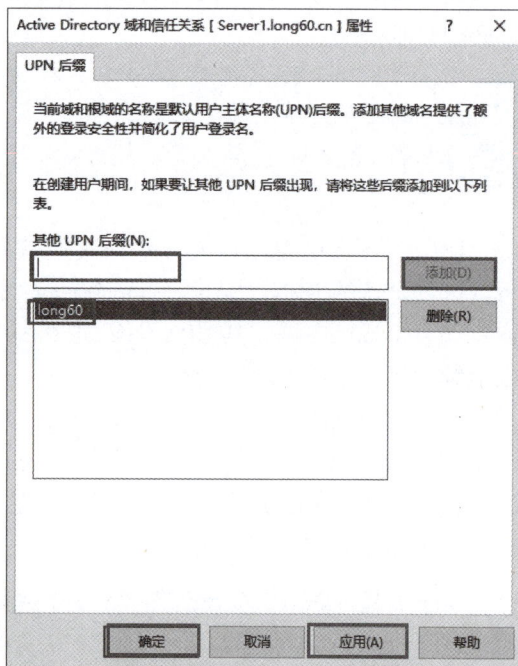

图 3-10　添加 UPN 后缀

**步骤 3**　完成后，就可以通过"Active Directory 管理中心"（或"Active Directory 用户和计算机"）窗口来修改用户的 UPN 后缀了，此例修改为 long60，如图 3-11 所示。请在成员服务器 MS1 上以 Alice@long60 的身份登录域，看是否能成功登录。

图 3-11　修改用户的 UPN 后缀

3-2 微课
管理用户账户和组（二）

### 3.1.7　域用户账户的一般管理

一般管理是指重置密码、禁用（启用）账户、删除账户、移动账户、重命名与解除锁定等。可以在"Active Directory 管理中心"窗口中选择想要管理的用户账户后在右侧进行设置，如图 3-12 所示。

图 3-12　域用户账户的一般管理

● 重置密码。当用户忘记密码或密码使用期限到期时，系统管理员可以为用户设置一个新的密码。

● 禁用（启用）账户。若某位员工因故在一段时间内无法来上班，则可以先将该员工的账户禁用，待该员工回来上班后，再将其重新启用。若用户账户已被禁用，则用户账户图形上会有一个向下的箭头符号。

- 删除账户。若某个账户以后再也用不到了，就可以将其删除。将账户删除后，即使再新建一个相同名称的用户账户，此新账户也不会继承原账户的权限与组关系，因为系统会给予新账户一个新的 SID，所以对于系统来说，这是两个不同的账户。

- 移动账户。可以将账户移动到同一个域内的其他组织单位或容器内。

- 重命名。重命名（可通过选中用户账户并单击鼠标右键，在弹出的快捷菜单中选择"属性"选项的方法来重命名）以后，该用户原来拥有的权限与组关系都不会受到影响。例如，当某员工离职时，可以暂时先将其用户账户禁用，等到新员工进来接替其工作时，再将此账户名称改为新员工的名称，重新设置密码，更改登录账户名称，修改其他相关个人信息，重新启用此账户。

> **说明**
> ① 在每一个用户账户创建完成之后，系统都会为其建立唯一的 SID，系统是利用 SID 来代表用户的，同时权限设置等都是通过 SID 来记录的，并不是通过用户名称来记录的。例如，在某个文件的权限列表内，它会记录哪些 SID 具备哪些权限，而不是哪些用户名称拥有哪些权限。
> ② 由于用户账户名称或登录名称更改后，其 SID 并没有改变，因此用户的权限与组关系都不变。
> ③ 可以双击用户账户或选择"属性"选项来更改用户账户名称与登录名称等相关设置。

- 解除锁定。可以通过"组策略管理器"的账户策略来设置用户输入密码失败多少次之后，就将账户锁定，而系统管理员可以利用下面的方法来解除锁定：双击相应的用户账户，单击图 3-13 所示窗口中的"解锁账户"按钮（只有账户被锁定后才会显示此按钮）。

图 3-13 解锁被锁定的账户

> **提示**　设置账户策略的参考步骤如下：在"组策略管理"窗口中选择"Default Domain Policy"选项并单击鼠标右键，在弹出的快捷菜单中选择"编辑"→"计算机配置"→"策略"→"Windows 设置"→"安全设置"→"账户策略"→"账户锁定策略"选项。

### 3.1.8　设置域用户账户的属性

每一个域用户账户内都有一些相关的属性信息，如地址、电话号码与电子邮件地址等，域用户可以通过这些属性来查找 Active Directory 域服务数据库内的用户。例如，通过电话号码来查找用户。因此，为了更容易地找到所需的用户账户，这些属性信息应该越完整越好。下面通过"Active Directory 管理中心"窗口来介绍用户账户的部分属性，先双击要设置的用户账户 Alice。

#### 1. 设置组织信息

组织信息就是指显示名称、职务、办公室部门、电子邮件、网页、电话号码、地址等信息，如图 3-14 所示，这部分的内容都很简单。

**图 3-14　设置组织信息**

#### 2. 设置账户过期

在"账户"内的"账户过期"中设置账户过期，默认为"从不"，要想设置过期时间，可选中"结束日期"单选按钮，并在其后的文本框中输入格式为 yyyy/mm/dd 的过期日期，如图 3-15 所示。

#### 3. 设置登录时段

登录时段用来指定用户可以登录到域的时间段，默认任何时间段都可以登录域，若要改变设置，则可单击"登录小时"链接，并在"登录小时数"对话框中进行设置。"登录小时数"对话框中横轴的每一个方块代表 1 小时，纵轴的每一个方块代表 1 天，填满方块与空白方块分别代表允许与不允许登录的时间段，默认开放所有时间段。选好时间段后，选中"允许登录"或"拒绝登录"单选按钮来允许或拒绝用户在设置的时间段登录。图 3-16 所示为允许 Alice 在星期一到星期五每天 8:00—18:00 登录。

图 3-15　设置账户过期

图 3-16　允许 Alice 登录的时间

**4. 限制用户只能够通过某些计算机登录**

一般域用户默认可以利用任何一台域成员计算机（域控制器除外）来登录域，不过也可以通过下面的方法来限制用户只可以利用某些特定计算机来登录域：在"账户"中单击"登录到"链接，在"登录到"对话框中选中"下列计算机"单选按钮，输入计算机名称

后单击 "添加" 按钮，再单击 "确定" 按钮，如图 3-17 所示。计算机名称可为 NetBIOS 名称（如 MS1）或 DNS 名称（如 MS1. long60. cn）。这样配置后，只有在 MS1 上才能使用 Alice 账户登录域 long60. cn。

图 3-17　限制 Alice 只能在 MS1 上登录

### 3.1.9　域组账户

如果能够使用组（Group）来管理用户账户，则必定能够减轻许多网络管理负担。例如，针对网络部组设置权限后，此组内的所有用户都会自动拥有相应权限，不需要为每一个用户进行设置。

> **注意**　域组账户也有唯一的 SID。命令 "whoami /users" 用于显示当前用户的信息和 SID；命令 "whoami /groups" 用于显示当前用户的组成员信息、账户类型、SID 和属性；命令 "whoami /?" 用于显示该命令的常见用法。

#### 1. 域内的组类型

Active Directory 域服务的域组分为以下两种类型，且它们可以相互转换。

● 安全组（Security Group）。它可以用来分配权限，例如，可以指定安全组对文件具备读取的权限。它也可以用在与安全无关的工作上，例如，可以给安全组发送电子邮件。

● 分发组（Distribution Group）。它被用在与安全（权限设置等）无关的工作上，例如，可以给分发组发送电子邮件，但是无法为分发组分配权限。

#### 2. 组的使用范围

从组的使用范围来看，域内的组分为本地域组、全局组和通用组 3 种，如表 3-1 所示。

表 3-1　组的类型和特性

| 特性 | 本地域组 | 全局组 | 通用组 |
|---|---|---|---|
| 可包含的成员 | 所有域内的用户、全局组、通用组；相同域内的本地域组 | 相同域内的用户与全局组 | 所有域内的用户、全局组、通用组 |
| 可以在哪一个域内被分配权限 | 同一个域 | 所有域 | 所有域 |
| 组转换 | 可以被转换成通用组（只要原组内的成员不包含本地域组即可） | 可以转换成通用组（只要原组不隶属于任何一个全局组即可） | 可以转换成本地域组；可以转换成全局组（只要原组内的成员不包含通用组即可） |

（1）本地域组

本地域组主要用来分配其所属域内的访问权限，以便访问该域内的资源。

· 本地域组的成员可以包含任何一个域内的用户、全局组、通用组，也可以包含相同域内的本地域组；但无法包含其他域内的本地域组。

· 本地域组只能够访问该域内的资源，无法访问其他域内的资源。换句话说，在设置权限时，只可以设置相同域内的本地域组的权限，无法设置其他域内的本地域组的权限。

（2）全局组

全局组主要用来组织用户，也就是可以将多个即将被赋予相同权限的用户账户加入同一个全局组内。

· 全局组内的成员只包含相同域内的用户与全局组。

· 全局组可以访问任何一个域内的资源。也就是说，可以在任何一个域内设置全局组的权限（这个全局组可以位于任何一个域内），以便让此全局组具备权限来访问相应域内的资源。

（3）通用组

· 通用组可以在所有域内为通用组分配访问权限，以便访问所有域内的资源。

· 通用组具备万用领域的特性，其成员可以包含域目录林中任何一个域内的用户、全局组、通用组，但是它无法包含任何一个域内的本地域组。

· 通用组可以访问任何一个域内的资源。也就是说，可以在任何一个域内设置通用组的权限（这个通用组可以位于任何一个域内），以便让此通用组具备权限来访问相应域内的资源。

### 3.1.10　建立与管理域组账户

#### 1. 组的新建、删除

要创建域组时，可选择"服务器管理器"→"工具"→"Active Directory 管理中心"选项，打开"Active Directory 管理中心"窗口，展开域名，单击容器或组织单位（如网络部），选择右侧任务窗格中的"新建"→"组"选项，并在图 3-18 所示的界面中输入组名、供旧版网络操作系统访问的组名，选择组类型与组范围等。若要删除组，则选中组账户并单击鼠标右键，在弹出的快捷菜单中选择"删除"选项即可。

**图 3-18　创建组界面**

### 2. 添加组的成员

将用户、组等加入组内的方法如下：在图 3-19 所示的界面中选择"成员"，单击"添加"→"高级"→"立即查找"按钮，选取要加入的成员（按住 Shift 键或 Ctrl 键可同时选择多个账户），单击"确定"按钮。本例将 Alice、Bob、Jhon 加入东北组。

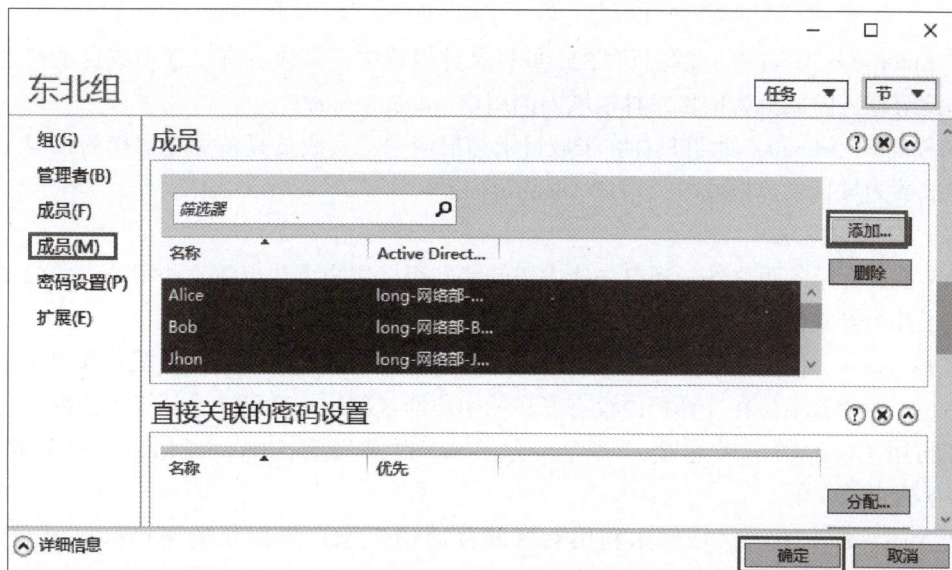

**图 3-19　添加组成员界面**

### 3. Active Directory 域服务内置的组

Active Directory 域服务有许多内置的组，它们分别隶属于本地域组、全局组、通用组与特殊组。

（1）内置的本地域组

内置的本地域组本身已被赋予一些权限，以便具备管理 Active Directory 域服务的能力。只要将用户或组账户加入这些组，这些账户就会自动具备相同的权限。

● Account Operators。其成员默认可在容器与组织单位内添加、删除和修改用户、组与计算机账户，但部分内置的容器或组织单位例外，如 Builtin 容器与 Domain Controllers 组织单位；同时不允许在部分内置的容器或组织单位内添加计算机账户，如 Users。它们也无法更改大部分组的成员，如 Administrators 等。

● Administrators。其成员具备系统管理员权限，对所有域控制器拥有最高控制权，可以执行 Active Directory 域服务管理工作。

● Backup Operators。其成员可以通过 Windows Server Backup 工具来备份与还原域控制器内的文件，而不管它们是否有权限访问这些文件。其成员也可以对域控制器执行关机操作。

● Guests。其成员无法永久改变其桌面环境，当它们登录时，系统会为它们建立一个临时的用户配置文件，而注销时，这些配置文件就会被删除。此组默认的成员为用户账户 Guest 与全局组 Domain Guests。

（2）内置的全局组

Active Directory 域服务内置的全局组本身并没有任何权限，但是可以将其加入具备权限的本地域组内，或另外直接分配权限给此全局组。

（3）内置的通用组

内置的通用组，其成员拥有在所有域内被设置访问权限的权利，可以访问所有域内的资源。

● Enterprise Admins。此组只存在于域目录林根域中，其成员有权管理域目录林内的所有域。此组默认的成员为域目录林根域内的用户 Administrator。

● Schema Admins。此组只存在于域目录林根域中，其成员具备管理架构的权限。此组默认的成员为域目录林根域内的用户 Administrator。

（4）内置的特殊组

除了前面介绍的组之外，还有一些内置的特殊组，用户无法更改这些特殊组的成员。下面列出了几个经常使用的特殊组。

● Everyone。任何用户都属于这个组。若 Guest 账户被启用，则在分配权限给 Everyone 时需小心，因为若某位在计算机内没有账户的用户通过网络来登录这台计算机，则其会被自动允许利用 Guest 账户来连接，此时因为 Guest 也隶属于 Everyone 组，所以其将具备 Everyone 拥有的权限。

● Anonymous Logon。任何未利用有效的普通用户账户来登录的用户都隶属于此组。Anonymous Logon 默认并不隶属于 Everyone 组。

### 3.1.11    掌握组的使用原则

为了让网络管理更容易，也为了减轻以后维护的负担，在利用组来管理网络资源时，建议尽量采用下面的原则，尤其是大型网络。

（1）A、G、DL、P 原则

将用户账户（A）添加到全局组（G），然后将该全局组（G）添加到本地域组（DL），最后为本地域组分配资源权限（P）。

（2）A、G、G、DL、P 原则

将用户账户（A）添加到全局组（G1），另一个用户账户（A）添加到另一个全局组（G2）中，将全局组（G1、G2）添加到全局组（G3）中，再将全局组（G3）添加到本地域组（DL）中，最后为本地域组分配资源权限（P）。

（3）A、G、U、DL、P 原则

将用户账户（A）添加到全局组（G1），另一个用户账户（A）添加到另一个全局组（G2）中，将全局组（G1、G2）添加到通用组（U）中，再将通用组（U）添加到本地域组（DL）中，最后为本地域组分配资源权限（P）。

其中，A 代表用户账户（User Account），G 代表全局组（Global Group），DL 代表本地域组（Domain Local Group），U 代表通用组（Universal Group），P 代表权限（Permission）。

## 3.2    项目设计与准备

本项目的网络拓扑结构如图 3-20 所示。任务 3-1 将使用 MS1，任务 3-2 将使用 Server1、Server2 和 MS1 这 3 台计算机，其他计算机在本项目中不需要。

图 3-20    项目网络拓扑结构

为了提高效率，建议将不使用的计算机在 VMware 中挂起或关闭。

## 3.3    项目实施

### 任务 3-1    在成员服务器上管理本地用户账户和组

#### 1. 创建本地用户账户

用户可以在 MS1 上以本地管理员账户登录，使用"计算机管理"中的"本地用户和组"选项来创建本地用户账户，且用户必须拥有管理员权限。创建本地用户账户 student1 的步骤如下。

**步骤 1** 选择"服务器管理器"→"工具"→"计算机管理"选项，打开"计算机管理"窗口。

**步骤 2** 在"计算机管理"窗口中展开"本地用户和组"选项，在"用户"文件夹上单击鼠标右键，在弹出的快捷菜单中选择"新用户"选项，如图 3-21 所示。

图 3-21 选择"新用户"选项

**步骤 3** 在打开的"新用户"对话框中输入用户名、全名、描述和密码，如图 3-22 所示。可以设置密码的其他选项，包括"用户下次登录时须更改密码""用户不能更改密码""密码永不过期""账户已禁用"等。设置完成后，单击"创建"按钮，新增用户账户。创建完用户后，单击"关闭"按钮，返回"计算机管理"窗口。

密码的相关设置介绍如下。

- "密码"：要求用户输入密码，系统以"·"显示。
- "确认密码"：要求用户再次输入密码，以确认输入是否正确。
- "用户下次登录时须更改密码"：要求用户下次登录时必须修改密码。
- "用户不能更改密码"：通常用于多个用户共用一个用户账户的情况，如 Guest 等。
- "密码永不过期"：通常用于 Windows Server 2022 的服务账户或应用程序使用的用户账户。
- "账户已禁用"：禁用用户账户。

**2. 设置本地用户账户的属性**

用户账户不仅包括用户名和密码等信息，为了管理和使用方便，一个用户还包括其他属性，如用户隶属的用户组、用户配置文件、用户的拨入权限、终端用户设置等。

在"本地用户和组"选项对应的右侧窗格中，双击刚刚创建的 student1 用户，弹出图 3-23 所示的"student1 属性"对话框。

图 3-22　"新用户"对话框

图 3-23　"student1 属性"对话框

（1）"常规"选项卡

在"常规"选项卡中可以设置与账户有关的描述信息，如全名、描述和账户的有关选项等。管理员可以设置密码的有关选项或禁用账户。如果账户已经被系统锁定，则管理员可以解除锁定。

（2）"隶属于"选项卡

在"隶属于"选项卡（图 3-24）中，可以将该账户加入其他本地组。为了管理方便，通常需要为用户组分配与设置权限。用户属于哪个组，就具有相应用户组的权限。新增的用户账户默认加入 Users 组。Users 组的用户一般不具备一些特殊权限，如安装应用程序、修改系统设置等。所以，当要分配给这个用户一些权限时，可以将该用户账户加入其他组，也可以单击"删除"按钮，将用户从一个或几个用户组中删除。例如，将 student1 添加到管理员组中的操作步骤如下。

图 3-24　"隶属于"选项卡

单击图 3-24 所示界面中的"添加"按钮，弹出图 3-25 所示的"选择组"对话框，在其中直接输入组的名称，如管理员组的名称 Administrators。输入组名称后，若需要检查名称是否正确，则可单击"检查名称"按钮，名称会变为"MS1\Administrators"。其中，"\"前面的部分表示本地计算机名称，"\"后面的部分表示组名称。单击"确定"按钮完成添加。

图 3-25 "选择组"对话框

如果不希望手动输入组名称，则可以单击"高级"按钮，再单击"立即查找"按钮，从"搜索结果"列表框中选择一个或多个组（同时按住 Ctrl 键或 Shift 键），单击"确定"按钮完成添加，如图 3-26 所示。

（3）"配置文件"选项卡

在"配置文件"选项卡中可以设置用户账户的配置文件路径、登录脚本和主文件夹的本地路径等，如图 3-27 所示。

图 3-26 查找可用的组

图 3-27 "配置文件"选项卡

管理员在为用户设置主文件夹时，应考虑以下因素：用户可以通过网络中任意一台联网的计算机访问其主文件夹；在对用户文件进行集中备份和管理时，出于安全性考虑，应将用户主文件夹存放在 NTFS 卷中，可以利用 NTFS 的权限来保护用户文件（若将其放在 FAT 卷中，则只能通过共享文件夹权限来限制用户对主文件夹的访问）。

登录脚本是用户登录计算机时自动运行的脚本文件，脚本文件的扩展名可以是".vbs"".bat"或".cmd"。

其他选项卡（如"远程控制""拨入"选项卡）请读者参考 Windows Server 2022 的帮助文件学习。

### 3. 删除本地用户账户

当用户不再需要使用某个账户时，可以将其删除。因为删除用户账户会导致与该账户有关的所有信息遗失，所以，在删除之前，最好确认操作的必要性或者考虑使用其他方法，如禁用账户。许多企业给临时员工设置了 Windows 账户，当临时员工离开企业时，将账户禁用，新来的临时员工需要用该账户时，只需改名即可。

在"计算机管理"窗口中选中要删除的用户账户并单击鼠标右键，在弹出的快捷菜单中可以执行删除操作，但是系统内置账户（如 Administrator、Guest 等）无法删除。

在前面提过，每个用户都有名称之外的唯一 SID。SID 在新增账户时，由系统自动产生，不同账户的 SID 不相同。由于系统在设置用户的权限、ACL 中的资源访问能力信息时，内部都使用 SID，所以一旦用户账户被删除，这些信息也就消失了。即使重新创建一个名称相同的用户账户，也不能获得原用户账户的权限。

### 4. 使用命令行方式创建用户

重新以管理员的身份登录 MS1，并使用命令行方式创建一个新用户，命令格式如下（注意密码要满足密码复杂度要求）。

```
net user username password /add
```

例如，要创建一个名为 mike、密码为 P@ssw0rd 的用户，可以使用以下命令。

```
net user mike P@ssw0rd /add
```

要想修改旧账户的密码，可以按如下步骤操作。

**步骤 1**　打开"计算机管理"窗口。

**步骤 2**　选择"本地用户和组"选项。

**步骤 3**　选中要重置密码的用户账户并单击鼠标右键，在弹出的快捷菜单中选择"设置密码"选项。

**步骤 4**　阅读警告消息，如果要继续操作，则单击"继续"按钮。

**步骤 5**　在"新密码"和"确认密码"文本框中输入新密码，单击"确定"按钮。

或者使用命令行方式，命令格式如下。

```
net user username password
```

例如，将用户 mike 的密码设置为 P@ssw0rd3（必须符合密码复杂度要求），可以使用以下命令。

```
net user mike P@ssw0rd3
```

### 5. 创建本地组

Windows Server 2022 的计算机在运行某些特殊功能或应用程序时，可能需要特定的权限。为这些任务创建一个组并将相应的成员添加到组中是一个很好的解决方案。对于计算机被指定的大多数角色来说，系统会自动创建一个组来管理该角色。例如，如果计算机被指定为 DHCP 服务器，则相应的组会添加到计算机中。

要想创建一个新组 common，首先要打开"计算机管理"窗口，再选中"组"文件夹并单击鼠标右键，在弹出的快捷菜单中选择"新建组"选项，最后在"新建组"对话框中输入组名和描述，单击"添加"按钮向组中添加成员，如图 3-28 所示。

图 3-28　新建组

另外，也可以使用命令行方式创建一个组，命令格式如下。

net localgroup groupname /add

例如，要创建一个名为 sales 的组，可以使用如下命令。

net localgroupsales /add

### 6. 为本地组添加成员

可以将对象添加到任何组中。在域中，这些对象可以是本地用户、域用户，甚至是其他本地组或域组。但是在工作组环境中，本地组的成员只能是用户账户。

要将用户 mike 添加到本地组 common 中，可以执行以下操作。

**步骤 1**　选择"服务器管理器"→"工具"→"计算机管理"选项，打开"计算机管理"窗口。

**步骤 2**　在左侧窗格中展开"本地用户和组"选项，双击"组"文件夹，在右侧窗格中将显示本地组。

**步骤 3**　双击要添加成员的组 common，弹出"common 属性"对话框。

**步骤 4**　单击"添加"按钮，选择要加入的用户 mike。

使用命令行方式时，命令格式如下。

```
net localgroup groupname username /add
```

例如，将用户 mike 加入 administrators 组中，可以使用如下命令。

```
net localgroup administrators mike /add
```

## 任务 3-2  使用 A、G、U、DL、P 原则管理域组

### 1. 任务背景

公司目前正在实施某工程，该工程需要总公司工程部和分公司工程部协同，需要创建一个共享目录，供总公司工程部和分公司工程部共享数据，公司决定在子域控制器 china. long60. cn 上临时创建共享目录 Projects_share。请通过权限分配使总公司工程部和分公司工程部用户对共享目录有写入和删除权限。网络拓扑结构如图 3-29 所示。

角色：域控制器、DNS服务器
主机名：Server1
IP地址：192.168.10.1/24
DNS：192.168.10.1

共享文件夹

角色：域控制器、DNS服务器
主机名：Server2
IP地址：192.168.10.2/24
首选DNS：192.168.10.1
首选DNS：192.168.10.2

long60.cn

china.long60.cn

MS1  父域工程部用户

子域工程部用户  MS1

图 3-29  网络拓扑结构

### 2. 任务分析

为本任务创建的共享目录需要对总公司工程部和分公司工程部用户配置写入和删除权限。解决方案如下。

① 在总公司 Server1 和分公司 Server2 上创建相应工程部用户。

② 在总公司 Server1 上创建全局组 Project_long_Gs，并将总公司工程部用户加入该全局组；在分公司 Server2 上创建全局组 Project_china_Gs，并将分公司工程部用户加入该全局组。

③ 在总公司 Server1（域目录林根域）上创建通用组 Project_long_Us，并将总公司和分公司的工程部全局组配置为成员。

④ 在分公司 Server2 上创建本地域组 Project_china_DLs，并将通用组 Project_long_Us 加入本地域组。

⑤ 创建共享目录 Projects_share，配置本地域组权限为读写权限。

实施后面临的问题及解决方法如下。

① 总公司工程部员工新增或减少。

总公司管理员直接对工程部用户进行 Project_long_Gs 全局组的加入与退出。

② 分公司工程部员工新增或减少。

分公司管理员直接对工程部用户进行 Project_china_Gs 全局组的加入与退出。

**3. 任务实施**

**步骤 1**　在总公司的 Server1 上创建 Project 组织单位，在总公司的 Project 组织单位中创建 Project_userA 和 Project_userB 工程部用户（选中 "Project" 选项并单击鼠标右键，在弹出的快捷菜单中选择 "新建" → "用户" 选项，在弹出的对话框的 "姓" "名" 和 "用户登录名" 文本框中输入相应内容），如图 3-30 所示。

图 3-30　在父域中创建工程部用户

**步骤 2**　在分公司的 Server2 上创建 Project 组织单位，在分公司的 Project 组织单位中创建 Project_user1 和 Project_user2 工程部用户，如图 3-31 所示。

图 3-31　在子域中创建工程部用户

**步骤 3**　在总公司的 Server1 上创建全局组 Project_long_Gs，并双击该全局组，选择 "成员" 选项卡，单击 "添加" → "高级" → "立即查找" 按钮，将总公司工程部用户 Project_userA 和 Project_userB 加入该全局组，如图 3-32 所示。

**步骤 4**　在分公司的 Server2 上创建全局组 Project_china_Gs，并将分公司工程部用户加入该全局组。

**图 3-32  将父域工程部用户加入全局组**

**步骤 5**  在总公司的 Server1（域目录林根域）上创建通用组 Project_long_Us，并双击前面创建的全局组，选择"成员"选项卡，单击"添加"→"高级"按钮，在"查找位置"处选择"整个目录"，单击"立即查找"按钮，将总公司和分公司的工程部全局组配置为通用组的成员（由于分属于不同域，加入时要注意"查找位置"信息，这里将其设为"整个目录"），如图 3-33 所示。

**图 3-33  将全局组加入通用组**

**步骤 6**　在分公司的 Server2 上创建本地域组 Project_china_DLs，并将通用组 Project_long_Us 加入本地域组（加入时，"查找位置"设为"整个目录"），如图 3-34 所示。

图 3-34　将通用组加入本地域组

**步骤 7**　在分公司的 Server2 上创建共享目录 Projects_share，选中该目录并单击鼠标右键，在弹出的快捷菜单中选择"属性"选项，在弹出的对话框中选择"共享"选项卡，单击"共享"按钮，弹出"网络访问"对话框。在用户或组下拉列表中选择查找个人，找到本地域组 Project_china_DLs 并添加，将读写的权限赋予该本地域组，如图 3-35 所示。单击"共享"按钮，再单击"完成"按钮，完成共享目录的设置。

图 3-35　设置共享目录的共享权限

> **注意**　权限设置还可以结合 NTFS 权限，详细内容请读者参考相关书籍，在此不做详细介绍。

**步骤 8**　总公司工程部员工新增或减少：总公司管理员直接对工程部用户进行 Project_long_Gs 全局组的加入与退出。

**步骤 9**　分公司工程部员工新增或减少：分公司管理员直接对工程部用户进行 Project_china_Gs 全局组的加入与退出。

### 4. 测试验证

**步骤 1**　在 MS1 上（DNS 服务器的 IP 地址一定要设为 192.168.10.1 和 192.168.10.2）选中"开始"并单击鼠标右键，在弹出的快捷菜单中选择"运行"选项，输入通用命名规则（Universal Naming Convention，UNC）路径"\\Server2.china.long60.cn\Projects_share"，在弹出的凭据对话框中输入总公司域用户名"Project_userA@long60.cn"及其密码，访问共享目录，能够成功读取和写入文件，如图 3-36 所示。

**图 3-36　访问共享目录 1**

**步骤 2**　注销 MS1，重新登录后，使用分公司域用户名 Project_user1@china.long60.cn 访问 \\Server2.china.long60.cn\Projects_share 共享目录，能够成功读取和写入文件，如图 3-37 所示。

**图 3-37　访问共享目录 2**

**步骤 3**　再次注销 MS1，重新登录后，使用总公司域用户名 domainuser1@long60.cn 访问 \\Server2.china.long60.cn\Projects_share 共享目录，提示没有访问权限，因为 domainuser1

用户不是工程部用户，如图 3-38 所示。

**图 3-38　提示没有访问权限**

> **注意** 如果本例中的账户是首次登录，则将账户选项"用户下次登录时须更改密码"复选框取消勾选，以免出现输入的密码正确却不能访问共享文件的问题。

## 3.4　习　题

### 一、填空题

1. 账户的类型分为＿＿＿＿、＿＿＿＿和＿＿＿＿。

2. 根据服务器的工作模式，组分为＿＿＿＿和＿＿＿＿。

3. 在工作组模式下，用户账户存储在＿＿＿＿＿＿中；在域模式下，用户账户存储在＿＿＿＿＿＿中。

4. 在活动目录中，组按照能够授权的范围分为＿＿＿＿、＿＿＿＿和＿＿＿＿。

5. 假设创建了一个名为 Helpdesk 的全局组，其中包含所有帮助账户。若希望帮助人员能在本地桌面计算机上执行任何操作，包括取得文件所有权，则最好使用＿＿＿＿内置组。

### 二、选择题

1. 在设置域用户账户属性时，（　　）项目是不能设置的。

A. 账户登录时间　　　　　　　　B. 账户的个人信息

C. 账户的权限　　　　　　　　　D. 指定账户登录域的计算机

2. 下列账户名不合法的是（　　）。

A. abc_234　　　B. Linux book　　　C. doctor*　　　D. addeofHELP

3. 以下组不是内置的本地域组的是（　　）。

A. Account Operators　　　　　　B. Administrators

C. Domain Admins　　　　　　　D. Backup Operators

4. 公司聘用了 10 名新员工，并希望这些新员工通过 VPN 连接接入公司总部。假设创建了新用户账户，并将总部的共享资源的"允许读取"和"允许执行"权限授予新员工，但是新员工仍然无法访问总部的共享资源。要想确保用户能够建立可接入总部的 VPN 连接，应该（　　）。

A. 授予新员工"允许完全控制"权限

B. 授予新员工"允许访问拨号"权限

C. 将新员工添加到 Remote Desktop Users 安全组中

D. 将新员工添加到 Windows Authorization Access 安全组中

5. 公司有一个 Active Directory 域。有一个用户试图从客户端计算机登录到域，但是收到以下消息："此用户账户已过期。请管理员重新激活该账户"。要想确保该用户能够登录到域，应该（　　　）。

A. 修改该用户账户的属性，将该账户设置为永不过期

B. 修改该用户账户的属性，延长"登录时间"设置

C. 修改该用户账户的属性，将密码设置为永不过期

D. 修改默认域策略，缩短账户锁定持续时间

6. 公司有一个 Active Directory 域，名为 intranet. smile60. cn。所有域控制器都运行 Windows Server 2022 网络操作系统。域功能级别和林功能级别都设置为 Windows 2008 纯模式。要想确保用户账户有 UPN 后缀 smile60. cn，应该（　　　）。

A. 将 smile60. cn 林功能级别提升到 Windows Server 2016

B. 将 smile60. cn 域功能级别提升到 Windows Server 2016

C. 将新的 UPN 后缀添加到域目录林中

D. 将 Default Domain Controllers 组策略对象中的 Primary DNS Suffix 选项设置为 smile60. cn

7. 公司有一个总部和 10 个分部。每个分部都有一个 Active Directory 站点，其中包含一个域控制器。只有总部的域控制器被配置为全局编录服务器。若要在分部域控制器上停用"通用组成员身份缓存"（UGMC）选项，则应在（　　　）中停用 UGMC。

A. 站点　　　　　　　B. 服务器　　　　　　　C. 域　　　　　　　D. 连接对象

8. 公司有一个单域的 Active Directory 林。该域的功能级别是 Windows Server 2016。假设需要执行以下活动。

- 创建一个全局组。
- 将用户添加到该全局组中。
- 在 Windows Server 2022 成员服务器上创建一个共享文件夹。
- 将该全局组放入有权访问该共享文件夹的本地域组。
- 确保用户能够访问该共享文件夹。

应该做的操作是（　　　）。

A. 将林功能级别提升为 Windows Server 2016

B. 将该全局组添加到 Domain Administrators 组中

C. 将该全局组的组类型更改为安全组

D. 将该全局组的作用域更改为通用组

### 三、简答题

1. 简述通用组、全局组和本地域组的区别。

2. 假设某人负责管理其所属组的成员的账户及其对资源的访问权。组中的某个用户离开了公司，此人希望在几天内有人来代替该用户。对于前用户的账户，应该如何处理?

3. 假设某人需要在 Active Directory 域服务中创建数百个计算机账户，以便为无人参与安装预先配置这些账户。创建如此大量的账户的最佳方法是什么?

4. 用户反映其无法登录到自己的计算机，错误消息表明计算机和域之间的信任关系中断。如何解决该问题？

5. BranchOffice_Admins 组对 BranchOffice_OU 中的所有用户账户有完全控制权限。对于从 BranchOffice_OU 移入 HeadOffice_OU 的用户账户，BranchOffice_Admins 将对其有何权限？

## 3.5 项目实训　管理用户账户和组

### 一、实训目的

- 掌握创建用户账户的方法。
- 掌握创建组账户的方法。
- 掌握管理用户账户的方法。
- 掌握管理组账户的方法。
- 掌握组的使用原则。

### 二、项目环境

本项目实训部署在图 3-39 所示的环境下，用到 Server1 和 MS1 两台计算机。其中，Server1 和 MS1 是 VMware（或者 Hyper-V 服务器）的两台虚拟机，Server1 是域 long60.cn 的域控制器，MS1 是域 long60.cn 的成员服务器。本地用户和组的管理在 MS1 上进行，域用户和组的管理在 Server1 上进行，在 MS1 上进行测试。

角色：第1台域控制器、DNS服务器
主机名：Server1
IP地址：192.168.10.1/24
DNS：192.168.10.1

long60.cn

角色：第2台域控制器（子域）
主机名：Server2
IP地址：192.168.10.2/24
DNS：192.168.10.1

角色：成员服务器
主机名：MS1
IP地址：192.168.10.100/24
DNS：192.168.10.1

图 3-39　管理用户账户和组账户网络拓扑结构

### 三、做一做

独立完成项目实训，检查学习效果。

# 项目 4

# 配置与管理 DNS 服务器

　　某高校组建了校园网，为了使校园网中的计算机能简单、快捷地访问本地网络及 Internet 中的资源，需要在校园网中架设 DNS 服务器，用来提供将域名转换成 IP 地址的功能。

　　在完成该项目之前，首先应当确定网络中 DNS 服务器的部署环境，明确 DNS 服务器的各种角色及其作用。

## 学习要点

- 了解 DNS 服务器的作用及其在网络中的重要性。
- 理解 DNS 的域名空间结构及其工作过程。
- 理解并掌握主 DNS 服务器的部署方法。
- 理解并掌握辅助 DNS 服务器的部署方法。
- 理解并掌握 DNS 客户机的部署方法。
- 掌握 DNS 服务器的测试及动态更新方法。

项目 4　配置与管理
DNS 服务器

## 素质要点

- "仰之弥高，钻之弥坚。" 为计算机事业做出过巨大贡献的王选院士，是时代楷模，是大家学习的榜样。
- "功崇惟志，业广惟勤。" 理想指引人生方向，信念决定事业成败。

## 4.1　项目基础知识

　　在 TCP/IP 网络中，每个设备必须分配唯一的 IP 地址。计算机在网络中通信时，只能识别如 202.97.135.160 之类的 IP 地址，而人们在使用网络资源的时候，为了便于记忆和理解，更倾向于使用有代表意义的名称，如域名 www.ryjiaoyu.com（人邮教育社区网站）。

　　DNS 服务器就承担了将域名转换成 IP 地址的任务。这就是在浏览器地址栏中输入如 www.ryjiaoyu.com 的域名并按 Enter 键后，能看到相应页面的原因。输入域名并按 Enter 键

4-1 微课
DNS 服务（一）

后，有一台被称作 DNS 服务器的计算机自动把域名"翻译"成相应的 IP 地址。

DNS 服务器为客户机对域名（如 www. ryjiaoyu.com）的查询提供域名对应的 IP 地址，以便用户通过易记的名称搜索和访问必须通过 IP 地址才能定位的本地网络或 Internet 中的资源。

DNS 服务使网络服务的访问更加简单，对一个网站的推广、发布起到了极其重要的作用。许多重要网络服务（如电子邮件服务、Web 服务）的实现，也需要借助 DNS 服务。因此，DNS 服务可视为网络服务的基础。另外，在稍具规模的局域网中，DNS 服务也被大量采用。因为 DNS 服务不仅可以使网络服务的访问更加简单，还可以完美地实现网络服务与 Internet 的融合。

### 4.1.1 域名空间结构

DNS 的核心思想是分级。DNS 是一种分布式的、分层次的、C/S 模式的数据库管理系统。它主要用于将主机名或电子邮件地址映射成 IP 地址。一般来说，每个组织都有自己的 DNS 服务器，并维护域的名称映射数据库记录或资源记录。每个登记的域都将自己的数据库列表提供给整个网络复制。

目前负责管理全世界的 IP 地址的组织是国际互联网络信息中心（Internet Network Information Center，InterNIC），在 InterNIC 之下的 DNS 结构分为若干个域（Domain）。图 4-1 所示的树状结构称为域名空间（Domain Name Space）结构。

图 4-1 域名空间结构

> **注意** 域名和主机名只能用字母 a～z（在 Windows 操作系统中不区分字母大小写，而在 UNIX 操作系统中区分字母大小写）、数字 0～9 和"–"来表示。其他公共字符，如连接符"&"、斜线"/"、句点"."和下画线"_"都不能用于表示域名和主机名。

#### 1. 根域

在图 4-1 中，位于层次结构最顶端的是域名树的根，提供根域名服务，用"."表示。在 Internet 中，根域是默认的，一般不需要表示出来。全世界共有 13 台根域服务器，它们分布于世界各地，并由 InterNIC 管理。根域服务器中并没有保存任何网址，只具有初始指针指向第一层域，也就是顶级域，如 org、cn、edu、com 等。

## 2. 顶级域

顶级域位于根域之下，数目有限，且不能轻易变动。顶级域也是由 InterNIC 统一管理的。在 Internet 中，顶级域大致分为两类：各种组织的顶级域（机构域）和各个国家或地区的顶级域（地理域）。顶级域包含的部分域名如表 4-1 所示。

表 4-1　顶级域包含的部分域名

| 域名 | 说明 |
|---|---|
| com | 商业机构 |
| edu | 教育机构 |
| gov | 政府机构 |
| net | 网络服务机构 |
| org | 非营利性组织 |
| mil | 军事机构 |
| 其他国家或地区代码 | 代表国家或地区，如 cn 表示中国，jp 表示日本 |

## 3. 子域

在域名空间中，除了根域和顶级域之外，其他域都被称为子域。子域是有上级域的域，一个域可以有多个子域。子域是相对而言的，如在 www.tsinghua.edu.cn 中，tsinghua.edu 是 cn 的子域，tsinghua 是 edu.cn 的子域。表 4-2 列出了域名空间结构中的若干层。

表 4-2　域名空间结构中的若干层

| 域名 | 域名空间结构中的位置 |
|---|---|
| . | 根是唯一没有名称的域 |
| .cn | 顶级域名，中国子域 |
| .edu.cn | 二级域名，中国的教育系统 |
| .tsinghua.edu.cn | 子域名，中国教育网中的清华大学 |

和根域相比，顶级域实际上是处于第二层的域，但它们还是被称为顶级域。根域从技术的含义上讲是一个域，但常常不被当作一个域。根域只有很少几个根级成员，它们的存在只是为了支持域名树的存在。

顶级域属于单位团体、国家或地区，用域名的最后一部分（即域后缀）来分类。例如，域名 edu.cn 代表中国的教育系统。多数域后缀可以反映使用这个域名所代表的组织的性质，但并不总是很容易通过域后缀来确定其代表的组织的性质。

## 4. 主机

在域名空间结构中，主机可以存在于根以下的各层上。由于域名树是层次型的而不是平面型的，因此只要求主机名在每一个连续的域名空间中是唯一的，而在相同层中可以有相同的名称。例如，www.ryjiaoyu.com、www.tsinghua.edu.cn 都是有效的主机名。也就是说，即使这些主机有相同的名称 www，也都可以被正确地解析到唯一的主机，即只要主机在不同的子域，就允许重名。

### 4.1.2　DNS 名称的解析方法

DNS 名称的解析方法主要有两种，一种是通过 hosts 文件进行解析，另一种是通过 DNS 服务器进行解析。

#### 1. 通过 hosts 文件进行解析

通过 hosts 文件进行解析只是 Internet 中最初使用的一种解析方法。采用 hosts 文件进行解析时，必须由人工输入、删除、修改所有 DNS 名称与 IP 地址的对应数据，即把全世界所有的 DNS 名称写在一个文件中，并将该文件存储到解析服务器中。如果客户端需要解析名称，则到解析服务器中查询 hosts 文件。全世界所有的解析服务器中的 hosts 文件都需保持一致。当网络规模较小时，通过 hosts 文件进行解析还是可以采用的。然而，当网络规模越来越大时，为保持网络中所有解析服务器的 hosts 文件的一致性，就需要进行大量的管理和维护工作。在大型网络中，这将是一项沉重的负担，此方法显然是不适用的。

在 Windows Server 2022 中，hosts 文件位于%Systemroot%\System32\drivers\etc 目录中，具体到本例为 C:\Windows\System32\drivers\etc。该文件是一个纯文本文件，如图 4-2 所示。

图 4-2　Windows Server 2022 中的 hosts 文件

#### 2. 通过 DNS 服务器进行解析

通过 DNS 服务器进行解析是目前 Internet 中最常用也是最便捷的解析方法之一。全世界有众多 DNS 服务器，它们各司其职、互相呼应、协同工作，构成了一个分布式的 DNS 名称解析网络。例如，163***.com 的 DNS 服务器只负责本域内数据的更新，而其他 DNS 服务器并不知道，也无须知道 163***.com 域中有哪些主机，但它们知道 163***.com 的 DNS 服务器的位置；当需要解析 www.163***.com 时，它们会向 163***.com 的 DNS 服务器请求帮助。采用这种分布式解析结构时，一台 DNS 服务器出现问题并不会影响整个体系，而数据的更新操作也只在其中的一台或几台 DNS 服务器中进行，使整体的解析效率大大提高了。

### 4.1.3　DNS 名称解析的查询模式

当 DNS 客户端向 DNS 服务器发送解析请求，或 DNS 服务器向其他 DNS 服务器转发解析请求时，均需要使用查询模式请求其所需的解析结果。目前使用的查询模式主要有递归查询和转寄查询两种。

4-2 微课
DNS 服务（二）

#### 1. 递归查询

递归查询是最常见的查询模式之一，域名服务器将代替提出请求的客户端（下级 DNS 服务器）进行域名查询。若域名服务器不能直接回答，则域名服务器会在域的各分支的上、下层进行递归查询，最终将查询结果返回给客户端。在域名服务器查询期间，客户端完全处于等待状态。

### 2. 转寄查询

当 DNS 服务器收到 DNS 工作站的查询请求后，如果在 DNS 服务器中没有查到所需数据，则该 DNS 服务器便会告诉 DNS 工作站另外一台 DNS 服务器的 IP 地址，并由 DNS 工作站自行向此 DNS 服务器进行查询，依此类推，直到查到所需数据为止。如果最后一台 DNS 服务器都没有查到所需数据，则通知 DNS 工作站查询失败。"转寄"的意思就是若在某地查不到，该地就会告诉用户其他地方的地址，让用户转到其他地方去查询。

一般 DNS 服务器之间的查询属于转寄查询（DNS 服务器也可以充当 DNS 工作站的角色），DNS 客户端与本地 DNS 服务器之间的查询属于递归查询。

下面以查询 www.ryjiaoyu.com 为例介绍转寄查询的过程，如图 4-3 所示。

图 4-3　转寄查询的过程

① DNS 客户端向本地 DNS 服务器直接查询 www.ryjiaoyu.com 的域名。

② 若本地 DNS 服务器无法解析此域名，先向根域服务器发出请求，查询 .com 的 DNS 地址。

> **说明**
> ① 正确安装完 DNS 服务器后，在 DNS 属性的"根目录提示"选项卡中，系统显示了包含在解析名称中为要使用和参考的服务器所建议的根服务器的根提示列表，默认共有 13 个。
> ② 目前全球共有 13 个根域服务器。1 个为主根服务器，放置在美国；其余 12 个均为辅助根服务器，其中美国 9 个，欧洲 2 个（放置在英国和瑞典），亚洲 1 个（放置在日本）。所有的根服务器均由互联网名称与数字地址分配机构（the Internet Corporation for Assigned Names and Numbers，ICANN）统一管理。

③ 根服务器管理着 .com、.net、.org 等顶级域名的地址解析。它收到请求后，把解析结果（管理 .com 域的服务器地址）返回给本地 DNS 服务器。

④ 本地 DNS 服务器得到查询结果后，向管理 .com 域的 DNS 服务器（即 com 名称服务

器）发出查询请求，要求得到 ryjiaoyu.com 的 DNS 地址。

⑤ com 名称服务器把解析结果（管理 ryjiaoyu.com 域的服务器地址）返回给本地 DNS 服务器。

⑥ 本地 DNS 服务器得到查询结果后，向管理 ryjiaoyu.com 域的 DNS 服务器（即 ryjiaoyu.com 名称服务器）发出查询具体的主机 IP 地址的请求。

⑦ ryjiaoyu.com 名称服务器把解析结果返回给本地 DNS 服务器。

⑧ 本地 DNS 服务器得到了最终的查询结果，并把这个结果返回给 DNS 客户端，从而使 DNS 客户端能够和远程主机通信。

### 4.1.4　DNS 区域

为了便于根据实际情况来减轻 DNS 名称管理工作的负荷，将 DNS 名称空间划分为区域（Zone）来进行管理。区域是 DNS 服务器的管辖范围，是由 DNS 名称空间中的单个域或由具有上下隶属关系的、紧密相邻的多个子域组成的一个管理单位。因此，DNS 服务器是通过区域来管理名称空间的，而并非以域为单位来管理名称空间，但区域的名称与其管理的 DNS 名称空间的域的名称是一一对应的。

一台 DNS 服务器可以管理一个或多个区域，而一个区域也可以由多台 DNS 服务器来管理（例如，由一台主 DNS 服务器和多台辅助 DNS 服务器来管理）。在 DNS 服务器中必须先建立区域，再根据需要在区域中建立子域及在区域或子域中添加资源记录，才能完成其解析工作。

#### 1. 正向解析和反向解析

将 DNS 名称解析成 IP 地址的过程称为正向解析，递归查询和转寄查询两种查询模式都是正向解析。将 IP 地址解析成 DNS 名称的过程称为反向解析，它依据 DNS 客户端提供的 IP 地址来查询它的主机名。由于 DNS 名称空间中的域名与 IP 地址之间无法建立直接对应关系，所以必须在 DNS 服务器中创建一个反向查询的区域，该区域名称的最后部分为 in-addr.arpa。

DNS 服务器分别通过正向查找区域和反向查找区域来管理正向解析和反向解析。在 Internet 中，正向解析的应用非常普遍；而反向解析会占用大量的系统资源，给网络带来风险，所以通常不提供反向解析。

#### 2. 主要区域、辅助区域和存根区域

无论是正向解析还是反向解析，均可以针对一个区域建立 3 种类型的区域，即主要区域、辅助区域和存根区域。

（1）主要区域

一个区域的主要区域建立在该区域的主 DNS 服务器中。主要区域的数据库文件是可读、可写的，所有针对该区域的添加、修改和删除等写入操作都必须在主要区域中进行。

（2）辅助区域

一个区域的辅助区域建立在该区域的辅助 DNS 服务器中。辅助区域的数据库文件是主要区域数据库文件的副本，需要定期地通过区域传送，以便与主要区域同步更新。辅助区域的主要作用是均衡 DNS 解析的负载，以提高解析效率，同时提供容错能力。必要时，可以将辅助区域转换为主要区域。辅助区域内的记录是只读的，不可以修改。例如，图 4-4 所

示的 DNS 服务器 B 与 DNS 服务器 C 内都各有一个辅助区域，其中的记录是从 DNS 服务器 A 复制过来的，换句话说，DNS 服务器 A 是它们的主服务器。

图 4-4　辅助区域

（3）存根区域

一个区域的存根区域类似于辅助区域，也是主要区域的只读副本，但存根区域只从主要区域中复制 SOA 记录、NS 记录，以及粘附 A 记录（即解析 NS 记录所需的 A 记录），而不是所有的区域数据库信息。存根区域所属的主要区域通常是一个受委派区域，如果该受委派区域部署了辅助 DNS 服务器，则通过存根区域可以让委派服务器获得该受委派区域的权威 DNS 服务器列表（包括主 DNS 服务器和所有辅助 DNS 服务器）。

> **说明**　在 Windows Server 2022 中，DNS 服务支持增量区域传送（Incremental Zone Transfer），也就是在更新区域中的记录时，DNS 服务器之间只传输发生改变的记录，因此提高了传输的效率。
>
> 在以下情况下可以启动增量区域传送：管理区域的辅助 DNS 服务器启动、区域的刷新时间间隔过期、主 DNS 服务器中的记录发生改变并设置了 DNS 通告列表。这里，所谓 DNS 通告，是利用"推"的机制，当 DNS 服务器中的区域记录发生改变时，它将通知选定的 DNS 服务器进行更新，被通知的服务器启动区域复制操作。

### 3. 资源记录

DNS 数据库文件由区域文件、缓存文件和反向搜索文件等组成，其中，区域文件是最主要的，它保存着 DNS 服务器所管辖区域的主机的域名记录。区域文件默认的文件名是"区域名 . dns"，在 Windows Server 2022 中，其位于%Systemroot% \System32\dns 目录中。而缓存文件用于保存根域中的 DNS 服务器名称与 IP 地址的对应表，文件名为 cache. dns。DNS 服务就是依赖 DNS 数据库文件来实现的。

每个区域文件都是由资源记录构成的。资源记录是 DNS 服务器提供名称解析的依据，当收到解析请求后，DNS 服务器会查找资源记录并予以响应。常见的资源记录主要包括 SOA 记录、NS 记录、A 记录、CNAME 记录、PTR 记录及 MX 记录等类型，如表 4-3 所示。

表 4-3　常见的资源记录类型及说明

| 资源记录类型 | 说明 |
|---|---|
| SOA（Start Of Authority） | 起始授权机构记录，用于表示一个区域的开始。SOA 记录后的所有信息均是用于控制这个区域的。每个区域文件都必须包含一个 SOA 记录，并且必须是其中的第 1 个资源记录，用于标识 DNS 服务器所管理的起始位置 |
| NS（Name Server） | 名称服务器记录，用于标识一个区域的 DNS 服务器 |
| A（Address） | 地址记录，也称为主机（Host）记录，建立 DNS 名称到 IP 地址的映射，用于正向解析 |
| CNAME（Canonical NAME） | 规范名称记录，也称为别名（Alias）记录，定义 A 记录的别名，用于将 DNS 域名映射到另一个主要的或规范的名称，该名称可能是 Internet 中规范的名称，如 www |
| PTR（PoinTeR） | 指针记录，实现反向解析，建立 IP 地址到 DNS 名称的映射 |
| MX（Mail eXchanger） | 邮件交换器记录，用于指定交换或者转发邮件信息的服务器（该服务器知道如何将邮件传送到最终目的地） |

标准的资源记录的基本格式如下。

| [name] | [ttl] | IN | type | rdata |
|---|---|---|---|---|

- name。此字段是名称字段，是资源记录引用的域对象名，可以是一台单独的主机，也可以是整个域。name 字段可以有以下 4 种取值："."表示根域；"@"表示默认域，即当前域；"标准域名"是以"."结束的域名，或是一个相对域名；"空(空值)"适用于最后一个带有名称的域对象。
- ttl。此字段是生存时间字段，它以秒为单位定义该资源记录中的信息存放在 DNS 缓存中的时间长度。此字段值通常为空，表示采用 SOA 记录中的最小 ttl 值。
- IN。此字段用于将当前资源记录标识为一个 Internet 的 DNS 资源记录。
- type。此字段是类型字段，用于标识当前资源记录的类型。
- rdata。此字段是数据字段，用于指定与当前资源记录有关的数据。数据字段的内容取决于类型字段。

## 4.2　项目设计与准备

### 1. 部署需求

在部署 DNS 服务器之前需做以下准备工作。

- 设置 DNS 服务器的 TCP/IP 属性，手动指定 IP 地址、子网掩码、默认网关和 DNS 服务器的 IP 地址等。
- 部署域环境，域名为 long60.cn。

#### 2. 部署环境

任务 4-1~任务 4-3 的所有实例都部署在同一个网络环境下，DNS1、DNS2、DNS3、DNS4 是 4 台不同角色的 DNS 服务器（可将前面的 4 台域控制器使用快照功能恢复初始安装，再修改计算机名称），网络操作系统是 Windows Server 2022。Client1 是 DNS 客户端，安装 Windows Server 2022 或 Windows 10 操作系统。架设 DNS 服务器的网络拓扑结构如图 4-5 所示。

角色：唯缓存DNS服务器
或辅助DNS服务器
（smile60.cn域的存根区域）
主机名：DNS2
IP地址：192.168.10.2/24
首选DNS：192.168.10.1
备选DNS：192.168.10.1
根据测试场景，备用DNS会有所不同

角色：主DNS服务器、域控制器
主机名：DNS1
IP地址：192.168.10.1/24
首选DNS：192.168.10.1
备用DNS：根据任务不同而不同

角色：子域委派DNS服务器、子域控制器
子域：china.long60.cn
主机名：DNS3
IP地址：192.168.10.3/24
首选DNS：192.168.10.3
备选DNS：192.168.10.1

角色：DNS客户端
主机名：Client1
IP地址：192.168.10.100/24
DNS：192.168.10.1
根据测试场景，DNS会有所不同

角色：DNS服务器、smile60.cn域域控制器
主机名：DNS4
IP地址：192.168.10.4/24
首选DNS：192.168.10.4
备选DNS：192.168.10.1

**图 4-5　架设 DNS 服务器的网络拓扑结构**

在项目实施过程中，需要说明以下 3 点。

① 这是全部 DNS 项目实施的拓扑结构。在单个任务中，如果有些计算机不需要使用，则可以将其挂起或关闭，以免影响响应效率，请读者灵活处理。

② 唯缓存 DNS 服务器和辅助 DNS 服务器通常无法同时由一台计算机承担。本项目仅仅是为了提高操作效率才做这样的安排。

③ 所有虚拟机的网络连接模式都设置为"仅主机模式"。

> **特别提示**　DNS1~DNS4 由 Server1~Server4 的初始安装快照恢复而来，但要记得修改主机名、IP 地址等参数。将 MS1 重命名为 Client1。

### 4.3　项目实施

#### 任务 4-1　添加 DNS 服务器

设置 DNS 服务器的首要任务是建立 DNS 区域和域的树状结构。DNS 服务器以区域为单位来管理服务。区域是一个数据库，用来链接 DNS 名称和相关数据，如 IP 地址和网络服务，在 Internet 环境中一般用二级域名来命名，如 long60.cn。而 DNS 区域分为两类：一类是正向查找区域，即域名到 IP 地址的数据库，用于提供将域名转换为 IP 地址的服务；另一类是反向查找区域，即 IP 地址到域名的数据库，用于提供将 IP 地址转换为域名的服务。

### 1. 安装 DNS 服务器角色

在 DNS1 上通过"服务器管理器"窗口安装 DNS 服务器角色。具体步骤如下。

**步骤 1**  选择"服务器管理器"→"仪表板"→"添加角色和功能"选项，持续单击"下一步"按钮，直到进入图 4-6 所示的"选择服务器角色"界面，勾选"DNS 服务器"复选框，在弹出的"添加角色和功能向导"对话框中单击"添加功能"按钮。

**图 4-6  "选择服务器角色"界面**

**步骤 2**  持续单击"下一步"按钮，最后单击"安装"按钮，开始安装 DNS 服务器。安装完毕后，单击"关闭"按钮，完成 DNS 服务器角色的安装。

### 2. DNS 服务的启动和停止

要启动或停止 DNS 服务，可使用 net 命令、"DNS 管理器"窗口或"服务"窗口。具体步骤如下。

（1）使用 net 命令

以域管理员账户登录 DNS1，在命令提示符窗口中执行"net stop dns"命令可停止 DNS 服务，执行"net start dns"命令可启动 DNS 服务。

（2）使用"DNS 管理器"窗口

选择"服务器管理器"→"工具"→"DNS"选项，打开"DNS 管理器"窗口，在左侧树状列表中选中"DNS1"选项并单击鼠标右键，在弹出的快捷菜单中选择"所有任务"→"停止""启动"或"重新启动"选项，即可停止或启动 DNS 服务，如图 4-7 所示。

（3）使用"服务"窗口

选择"服务器管理器"→"工具"→"服务"选项，打开"服务"窗口，找到"DNS Server"服务，选择"启动"或"停止"选项即可启动或停止 DNS 服务。

图 4-7　"DNS 管理器"窗口

## 任务 4-2　部署主 DNS 服务器的 DNS 区域

在实际应用中，因为 DNS 服务器一般会与活动目录区域集成，所以，当安装完 DNS 服务器，并新建区域后，可直接将该服务器升级为域控制器，将新建区域更新为活动目录集成区域。

### 1. 创建正向查找区域

在 DNS 服务器上创建正向查找区域 "long60. cn"，具体步骤如下。

**步骤 1**　在 DNS1 上选择 "服务器管理器"→"工具"→"DNS"选项，打开 "DNS 管理器"窗口，在左侧的树状列表中选中 "正向查找区域"选项并单击鼠标右键，在弹出的快捷菜单中选择 "新建区域"选项，如图 4-8 所示，弹出 "新建区域向导"对话框。

**步骤 2**　单击 "下一步"按钮，进入图 4-9 所示的 "区域类型"界面，选择要创建的区域的类型。有 "主要区域""辅助区域""存根区域" 3 个选择，若要创建新的区域，则应当选中 "主要区域"单选按钮。

图 4-8　选择"新建区域"选项

图4-9 "区域类型"界面

> **注意** 如果当前 DNS 服务器上安装了 Active Directory 域服务，则将自动勾选"在 Active Directory 中存储区域（只有 DNS 服务器是可写域控制器时才可用）"复选框。

**步骤3** 单击"下一步"按钮，在"区域名称"文本框中设置要创建的区域名称，如 long60.cn，如图4-10所示。区域名称用于指定 DNS 名称空间，由此实现 DNS 服务器的管理。

图4-10 设置区域名称

**步骤 4**   单击"下一步"按钮，创建区域文件 long60. cn. dns，如图 4-11 所示。

图 4-11   创建区域文件

**步骤 5**   单击"下一步"按钮，进入"动态更新"界面，选中"允许非安全和安全动态更新"单选按钮，如图 4-12 所示。

图 4-12   "动态更新"界面

**注意**   因为会将 long60. cn 区域更新为活动目录集成区域，所以这里一定不能选中"不允许动态更新"单选按钮，否则无法将 long60. cn 更新为活动目录集成区域。

**步骤 6** 单击"下一步"按钮，显示新建区域摘要。单击"完成"按钮，完成区域的创建。

> **注意** 如果是活动目录集成区域，则不指定区域文件，否则指定区域文件为 long60.cn.dns。

### 2. 创建反向查找区域

反向查找区域用于通过 IP 地址来查询 DNS 名称。具体步骤如下。

**步骤 1** 在"DNS 管理器"窗口中选中"反向查找区域"选项并单击鼠标右键，在弹出的快捷菜单中选择"新建区域"选项，并在"区域类型"界面中选中"主要区域"单选按钮。

**步骤 2** 在"反向查找区域名称"界面中选中"IPv4 反向查找区域"单选按钮，如图 4-13 所示。

图 4-13 "反向查找区域名称"界面

**步骤 3** 在图 4-14 所示的界面中输入网络 ID 或者反向查找区域名称。本例中输入的是网络 ID，反向查找区域名称根据网络 ID 自动生成。例如，当输入网络 ID 为 192.168.10 时，反向查找区域名称自动变为 10.168.192.in-addr.arpa。

**步骤 4** 单击"下一步"按钮，选中"允许非安全和安全动态更新"单选按钮。

**步骤 5** 单击"下一步"按钮，显示新建区域摘要。单击"完成"按钮，完成区域的创建。图 4-15 所示为创建正向查找区域、反向查找区域后的 DNS 管理器。

### 3. 创建资源记录

DNS 服务器需要根据区域中的资源记录提供该区域的名称解析。因此，在区域创建完成之后，需要在区域中创建所需的资源记录。

图 4-14　输入网络 ID

图 4-15　创建正向查找区域、反向查找区域后的 DNS 管理器

（1）创建 A 记录

创建 DNS2 对应的 A 记录，具体步骤如下。

**步骤 1**　以域管理员账户登录 DNS1，打开 "DNS 管理器" 窗口，在左侧树状列表中选择要创建资源记录的正向查找区域 "long60.cn"，在右侧窗格空白处单击鼠标右键，或选中要创建资源记录的正向查找区域并单击鼠标右键，在弹出的快捷菜单中选择相应选项创建资源记录，如图 4-16 所示。

**步骤 2**　选择 "新建主机（A 或 AAAA）" 选项，弹出 "新建主机" 对话框，通过此对话框可以创建 A 记录，如图 4-17 所示。

- 在 "名称（如果为空则使用其父域名称）" 文本框中输入 A 记录的名称，该名称即主机名，本例为 "DNS2"。

图 4-16　创建资源记录　　　　　　　　图 4-17　创建 A 记录

- 在"IP 地址"文本框中输入该主机的 IP 地址，本例为 192.168.10.2。
- 若勾选"创建相关的指针（PTR）记录"复选框，则在创建 A 记录的同时，可在已经存在的对应的反向查找区域中创建 PTR 记录。若之前没有创建对应的反向查找区域，则无法成功创建 PTR 记录。本例不勾选此复选框，后面单独创建 PTR 记录。

**步骤 3**　用同样的方法创建 DNS1 对应的 A 记录，IP 地址是 192.168.10.1。

（2）创建 CNAME 记录

DNS1 同时是 Web 服务器，为其设置别名 www。具体步骤如下。

**步骤 1**　在图 4-16 所示的快捷菜单中选择"新建别名(CNAME)"选项，打开"新建资源记录"对话框的"别名(CNAME)"选项卡，通过此选项卡可以创建 CNAME 记录，如图 4-18 所示。

**步骤 2**　在"别名(如果为空则使用父域)"文本框中输入一个规范的名称（本例为 www）。单击"浏览"按钮，选中需要定义别名的目的服务器的域名（本例为 DNS1.long60.cn），或者直接输入目的服务器的名称。在"目标主机的完全合格的域名(FQDN)"文本框中输入需要定义别名的完整 DNS 服务器域名。

（3）创建 MX 记录

当将邮件发送到邮件服务器（SMTP 服务器）后，此邮件服务器必须将邮件转发到目的邮件服务器，但是邮件服务器如何得知目的邮件服务器的 IP 地址呢？

答案是向 DNS 服务器查询 MX 记录，因为 MX 记录中记录着负责某个域邮件接收的邮件服务器。

DNS2 同时是邮件服务器。在图 4-16 所示的快捷菜单中选择"新建邮件交换器（MX）"选项，打开"新建资源记录"对话框的"邮件交换器（MX）"选项卡，通过此选项卡可以创建 MX 记录，如图 4-19 所示。

图 4-18　创建 CNAME 记录

图 4-19　创建 MX 记录

**步骤 1**　在"主机或子域"文本框中输入 MX 记录的名称，该名称将与所在区域的名称一起构成邮件地址中"@"后面的后缀。例如，如果邮件地址为 yy@ long60. cn，则应将 MX 记录的名称设置为空（使用其所属域的名称 long60. cn）；如果邮件地址为 yy@ mail. long60. cn，则 mail 应输入为 MX 记录的名称记录。本例输入"mail"。

**步骤 2**　在"邮件服务器的完全限定的域名（FQDN）"文本框中输入该邮件服务器的名称（此名称必须是已经创建的对应于邮件服务器的 A 记录）。本例输入"DNS2. long60. cn"。

**步骤 3**　在"邮件服务器优先级"文本框中设置当前 MX 记录的优先级；如果存在两个或更多的 MX 记录，则在解析时，将首选优先级高的 MX 记录。本例输入"10"。单击"确定"按钮即可。

（4）创建 PTR 记录

**步骤 1**　以域管理员账户登录 DNS1，打开"DNS 管理器"窗口。

**步骤 2**　在左侧树状列表中选择要创建资源记录的反向查找区域"10. 168. 192. in-addr. arpa"，在右侧窗格空白处单击鼠标右键，或选中要创建资源记录的反向查找区域并单击鼠标右键，在弹出的快捷菜单中选择"新建指针（PTR）"选项，如图 4-20 所示；在弹出的"新建资源记录"对话框的"指针（PTR）"选项卡中即可创建 PTR 记录，如图 4-21 所示。同理，可创建 192. 168. 10. 2 的 PTR 记录。

**步骤 3**　资源记录创建完成之后，在"DNS 管理器"窗口和区域文件中都可以看到这些资源记录，如图 4-22 所示。

图 4-20 选择"新建指针（PTR）"选项

图 4-21 创建 PTR 记录

图 4-22 通过"DNS 管理器"窗口查看反向查找区域中的资源记录

注意 如果 DNS 区域是和 Active Directory 域服务集成的，那么资源记录将保存到活动目录中；如果 DNS 区域不是和 Active Directory 域服务集成的，那么资源记录将保存到区域文件中。默认 DNS 服务器的区域文件存储在 "C:\Windows\System32\dns" 中。若不集成活动目录，则本例正向查找区域文件为 long60.cn.dns，反向查找区域文件为 10.168.192.in-addr.arpa.dns。这两个文件可以用记事本打开。

### 4. 将 long60.cn 区域更新为活动目录集成区域

将 DNS1 服务器升级为域控制器，升级过程可参考项目 3 的相关内容。活动目录集成区域 long60.cn 如图 4-23 所示。

图 4-23    活动目录集成区域 long60.cn

> **注意**
>
> 注意图 4-23 中的框选部分，请读者对照图 4-22 查看有什么区别，总结独立区域与活动目录集成区域有什么不同。

## 任务 4-3    配置 DNS 客户端并测试主 DNS 服务器

可以通过手动方式配置 DNS 客户端，也可以通过 DHCP 自动配置 DNS 客户端（要求 DNS 客户端是 DHCP 客户端）。

### 1. 配置 DNS 客户端

**步骤 1**    以管理员账户登录 DNS 客户端 Client1，在 "Internet 协议版本 4（TCP/IPv4）属性" 对话框的 "首选 DNS 服务器" 文本框中设置所部署的主 DNS 服务器 DNS1 的 IP 地址为 "192.168.10.1"，单击 "确定" 按钮。

**步骤 2**    通过 DHCP 自动配置 DNS 客户端。

### 2. 测试 DNS 服务器

部署完主 DNS 服务器并启动 DNS 服务后，应该对 DNS 服务器进行测试，常用的测试命令是 nslookup 命令和 ping 命令。

nslookup 命令是用来进行手动 DNS 查询的常用命令，可以判断 DNS 服务器是否正常工作。如果有故障，则可以判断可能的故障原因。其一般语法格式如下。

```
nslookup   [- option…]   [host to find]   [server]
```

这个工具有两种模式：非交互模式和交互模式。

图 4-24　在非交互模式下测试 DNS 服务器配置

（1）非交互模式

非交互模式要在命令提示符窗口中输入完整的命令，如 "nslookup www. long60. cn"，如图 4-24 所示。

（2）交互模式

输入 "nslookup" 命令并按 Enter 键，不需要参数，即可进入交互模式。在交互模式下，直接输入 FQDN（Fully Qualified Domain Name，完全限定的域名）即可进行查询。

任何一种模式都可以将参数传递给 nslookup，但在域名服务器出现故障时，使用交互模式的更多。在交互模式下，可以在命令提示符 ">" 后输入 "help" 或 "?" 来获得帮助信息。

下面在客户端 Client1 的交互模式下，测试前面部署的 DNS 服务器。

**步骤 1**　进入 Windows PowerShell 或者在 "运行" 对话框中输入 "cmd"，在命令提示符窗口中输入 "nslookup" 命令并按 Enter 键，测试 DNS 服务器配置，如图 4-25 所示。

**步骤 2**　测试 A 记录，如图 4-26 所示。

图 4-25　测试 DNS 服务器配置

图 4-26　测试 A 记录

**步骤 3**　测试正向解析的邮件交换记录，如图 4-27 所示。

**步骤 4**　测试 MX 记录，如图 4-28 所示。

图 4-27　测试正向解析的邮件交换记录

图 4-28　测试 MX 记录

> **说明**　set type 表示设置查找的类型。set type＝MX 表示查找邮件交换器记录；set type＝CNAME 表示查找别名记录；set type＝A 表示查找主机记录；set type＝PTR 表示查找指针记录；set type＝NS 表示查找名称服务器记录。

**步骤 5**　测试 PTR 记录，如图 4-29 所示。

**步骤 6**　查找 NS 记录，如图 4-30 所示。结束后退出交互模式。

图 4-29　测试 PTR 记录

图 4-30　查找 NS 记录

**做一做**　可以利用"ping 域名或 IP 地址"简单测试 DNS 服务器与客户端的配置。

### 3. 管理 DNS 客户端缓存

① 进入 Windows PowerShell 或者在"运行"对话框中输入"cmd"，打开命令提示符窗口。

② 执行以下命令，查看 DNS 客户端缓存。

```
>ipconfig /displaydns
```

③ 执行以下命令，清空 DNS 客户端缓存。

```
>ipconfig /flushdns
```

## 任务 4-4　部署唯缓存 DNS 服务器

尽管所有的 DNS 服务器都会缓存其已解析的结果，但唯缓存 DNS 服务器是仅执行查询、缓存解析结果的 DNS 服务器，不存储任何区域数据库。唯缓存 DNS 服务器对任何域来说都不是权威的，且它包含的信息仅限于解析查询时已缓存的内容。

唯缓存 DNS 服务器初次启动时并没有缓存任何信息，其只有在响应客户端请求时才会缓存。如果 DNS 客户端位于远程网络，且该远程网络与主 DNS 服务器（或辅助 DNS 服务器）所在的网络通过慢速广域网链路进行通信，则在远程网络中部署唯缓存 DNS 服务器是一种合理的解决方案。因此，一旦唯缓存 DNS 服务器（或辅助 DNS 服务器）建立了缓存，其与主 DNS 服务器的通信量便会减少。此外，唯缓存 DNS 服务器不需要执行区域传送，因此不会出现由区域传送导致网络通信量增大的情况。

### 1. 部署唯缓存 DNS 服务器的需求和环境

任务 4-4 的所有实例均按图 4-31 所示的信息来部署网络环境。其中，DNS2 为唯缓存 DNS 转发器，仅安装 DNS 服务器角色和功能，不创建任何区域；DNS2 的 IP 地址为 192.168.10.2/24，首选 DNS 服务器的 IP 地址是 192.168.10.2，且 DNS2 是 Windows Server 2022 的独立服务器。

角色：主DNS服务器
主机名：DNS1
IP地址：192.168.10.1/24
DNS：192.168.10.1

角色：唯缓存DNS服务器
主机名：DNS2
IP地址：192.168.10.2/24
首选DNS：192.168.10.2
备选DNS：192.168.10.1

角色：DNS客户端
主机名：Client1
IP地址：192.168.10.100/24
首选DNS：192.168.10.2
DNS：192.168.10.2

图 4-31　部署唯缓存 DNS 服务器的网络拓扑结构

### 2. 配置 DNS 转发器

① 更改 DNS 客户端 IP 地址指向。

**步骤 1**　登录 DNS 客户端 Client1，将其首选 DNS 服务器的 IP 地址指向 192.168.10.2，备用 DNS 服务器设置为空。

**步骤 2**　打开命令提示符窗口，执行"ipconfig /flushdns"命令清空 Client1 上的缓存。执行"ping www.long60.cn"命令发现无法解析，因为该记录存储于 DNS1 上，但不存储于 DNS2 上。

② 在唯缓存 DNS 服务器上安装 DNS 服务器并配置 DNS 转发器。

**步骤 1**　以具有管理员权限的用户账户登录将要部署唯缓存 DNS 服务器的 DNS2。

**步骤 2**　参考任务 4-1 安装 DNS 服务器角色和功能。

**步骤 3**　打开"DNS 管理器"窗口，在左侧树状列表中选中"DNS2"选项并单击鼠标右键，在弹出的快捷菜单中选择"属性"选项。

**步骤 4**　在弹出的"DNS2 属性"对话框中选择"转发器"选项卡，如图 4-32 所示。

**步骤 5**　单击"编辑"按钮，弹出"编辑转发器"对话框。在"转发服务器的 IP 地址"列表框中添加需要转发到的 DNS 服务器的 IP 地址"192.168.10.1"，该计算机能解析到相应服务器的 FQDN，如图 4-33 所示，单击"确定"按钮即可。

**步骤 6**　采用同样的方法，根据需要配置其他区域的 DNS 转发器。

### 3. 根提示服务器

注意图 4-32 中的"如果没有转发器可用，请使用根提示"复选框。那么什么是根提示呢？

图 4-32　"转发器"选项卡

图 4-33　"编辑转发器"对话框

根提示内的 DNS 服务器就是图 4-1 所示的根域内的 DNS 服务器，这些服务器的名称及 IP 地址等数据存储在%Systemroot%\System32\DNS\cache.dns 文件中；也可以在"DNS 管理器"窗口中选中 DNS 服务器并单击鼠标右键，在弹出的快捷菜单中选择"属性"选项，在弹出的对话框中选择"根提示"选项卡，以查看这些信息，如图 4-34 所示。

可以在"根提示"选项卡中添加、编辑与删除 DNS 服务器，这些数据变化会被存储到 cache.dns 文件中，也可以单击"从服务器复制"按钮，从其他 DNS 服务器复制根提示。

当 DNS 服务器收到 DNS 客户端的查询请求后，如果要查询的记录不在其所管辖的区域内（或不在缓存区内），那么此 DNS 服务器默认会转向根提示内的 DNS 服务器进行查询。如果企业内部拥有多台 DNS 服务器，则可能会出于安全考虑，只允许其中一台 DNS 服务器可以直接与外界 DNS 服务器通信，并使其他 DNS 服务器将查询请求委托给这一台 DNS 服务器来负责，也就是说，这一台 DNS 服务器是其他 DNS 服务器的转发器。

图 4-34　"根提示"选项卡

**4. 测试唯缓存 DNS 服务器**

在 Client1 上打开命令提示符窗口，使用 nslookup 命令测试唯缓存 DNS 服务器，如图 4-35 所示。

图 4-35　在 Client1 上测试唯缓存 DNS 服务器

## 任务 4-5　部署辅助 DNS 服务器

辅助区域用来存储区域内的副本记录，这些记录是只读的，不能修改。下面利用图 4-36 所示的信息来建立辅助区域。

图 4-36　辅助 DNS 服务器配置

这里将在 DNS2 上建立一个辅助区域 long60.cn，此区域内的记录是从其主服务器 DNS1 通过区域传送复制过来的。

① DNS1 仍沿用任务 4-4 的 DNS 服务器，确保已经建立了 A 记录（FQDN 为 DNS2. long60.cn，IP 地址为 192.168.10.2）。首选 DNS 服务器是其本身，备用 DNS 服务器的 IP 地址是 192.168.10.2。

② DNS2 仍沿用任务 4-4 的 DNS 服务器，但是将转发器删除。首选 DNS 服务器的 IP 地址是 192.168.10.2，备用 DNS 服务器的 IP 地址是 192.168.10.1。

### 1. 新建辅助区域（DNS2）

**步骤1**　在 DNS2 上安装 DNS 服务器角色和功能。

**步骤2**　在 DNS2 上选择"服务器管理器"→"工具"→"DNS"选项，在打开的窗口中选中"正向查找区域"选项并单击鼠标右键，在弹出的快捷菜单中选择"新建区域"选项，在弹出的对话框中单击"下一步"按钮。

**步骤3**　在图 4-37 所示的界面中选中"辅助区域"单选按钮，单击"下一步"按钮。

**步骤4**　在图 4-38 所示的界面中输入区域名称"long60.cn"，单击"下一步"按钮。

**图 4-37　选择区域类型**

**图 4-38　输入区域名称**

**步骤 5**　在图 4-39 所示的界面中输入主 DNS 服务器（DNS1）的 IP 地址后按 Enter 键，单击"下一步"按钮，在弹出的对话框中单击"完成"按钮。

图 4-39  输入主 DNS 服务器的 IP 地址

**步骤 6**  重复步骤 2~步骤 5，新建反向查找区域的辅助区域。操作类似，此处不赘述。

## 2. 确认 DNS1 是否允许区域传送

如果 DNS1 不允许将区域记录传送给 DNS2，那么 DNS2 向 DNS1 提出区域传送请求时会被拒绝。下面先设置让 DNS1 允许将区域记录传送给 DNS2。

**步骤 1**  在 DNS1 上选择"开始"→"Windows 管理工具"→"DNS"选项，打开"DNS 管理器"窗口，展开"DNS1"和"正向查找区域"选项，选中"long60. cn"选项（图 4-40）并单击"属性"按钮 。

图 4-40  选中"long60. cn"选项

**步骤 2**  在弹出的"long60. cn 属性"对话框中选择"区域传送"选项卡，勾选"允许区域传送"复选框，选中"只允许到下列服务器"单选按钮，单击"编辑"按钮，以便选择 DNS2 的 IP 地址，如图 4-41 所示。

图 4-41　"区域传送"选项卡

**步骤 3**　在"允许区域传送"对话框中输入 DNS2 的 IP 地址后，按 Enter 键，单击"确定"按钮，如图 4-42 所示。

图 4-42　"允许区域传送"对话框

> **注意** DNS1 会通过反向查询来尝试解析拥有此 IP 地址的 DNS 主机名——FQDN。如果没有反向查找区域可供查询，则会显示无法解析的警告信息，此时可以不必理会此信息，它并不会影响到区域传送。本例中已事先建好了 PTR 记录。

**步骤 4**　单击"确定"按钮，完成区域传送设置。

类似地，重复步骤 1~步骤 4，允许反向查找区域向 DNS2 进行区域传送。

### 3. 测试辅助 DNS 服务器是否设置成功（DNS2）

回到 DNS2 服务器。

**步骤 1**　在 DNS2 上打开"DNS 管理器"窗口，其中正向查找区域 long60.cn 和反向查找区域 10.168.192.in-addr.arpa 的记录是自动从其主服务器 DNS1 复制过来的，如图 4-43 和图 4-44 所示（如果不能正常复制，则可以重新启动 DNS2）。

图 4-43　自动从其主服务器 DNS1 复制的正向查找区域数据

图 4-44　自动从其主服务器 DNS1 复制的反向查找区域数据

> **提示**　如果设置都正确，但一直看不到这些记录，则可选中区域 long60. cn 后按 F5 键刷新，如果仍看不到，则可将 "DNS 管理器" 窗口关闭后重新打开，或者重新启动 DNS2。

**步骤 2**　存储辅助区域的 DNS 服务器默认会每隔 15 分钟自动向主服务器请求执行区域传送的操作。也可以选中辅助区域后单击鼠标右键，在弹出的快捷菜单中选择 "从主服务器传输" 或 "从主服务器传送区域的新副本" 选项来手动要求执行区域传送操作，如图 4-45 所示。

图 4-45　手动执行区域传送操作

- 从主服务器传输：它会执行常规的区域传送操作，即如果依据 SOA 记录内的序号判断出在主服务器内有新版本的记录，则执行区域传送操作。
- 从主服务器传送区域的新副本：不理会 SOA 记录内的序号，重新从主服务器复制完整的区域记录。

> **提示**　如果发现此窗口中显示的记录存在异常，则可以尝试选中辅助区域并单击鼠标右键，在弹出的快捷菜单中选择 "重新加载" 选项来从区域文件中重新加载记录。

## 任务 4-6　部署委派域

### 1. 部署子域和委派的需求及环境

本任务的所有实例都部署在图 4-46 所示的网络环境中。在原有网络环境中增加主机名为 DNS3 的委派 DNS 服务器，其 IP 地址为 192. 168. 10. 3/24，首选 DNS 服务器的 IP 地址是 192. 168. 10. 3，它是子域控制器，同时也是 DNS 服务器。

**图 4-46　配置 DNS 委派域的网络拓扑结构**

### 2. 区域委派

DNS 名称解析是通过分布式结构来管理和实现的，它允许将 DNS 名称空间根据层次结构分割成一个或多个区域，并将这些区域委派给不同的 DNS 服务器进行管理。例如，某区域的 DNS 服务器（以下称"委派服务器"）可以将其子域委派给另一台 DNS 服务器（以下简称"受委派服务器"）全权管理，由受委派服务器维护该子域的数据库，并负责响应针对该子域的名称解析请求。而委派服务器则无须进行任何针对该子域的管理工作，也无须保存该子域的数据库，只需保留到达受委派服务器的指向，即当 DNS 客户端请求解析该子域的名称时，委派服务器将无法直接响应该请求，但其明确知道应由哪个受委派服务器来响应该请求。

采用区域委派可有效均衡负载。将子域的管理和解析任务分配到各个受委派服务器，可以大幅度降低父级或顶级域名服务器的负载，提高解析效率。同时，这种分布式结构使得真正提供解析的受委派服务器更接近于客户端，从而减少了带宽资源的浪费。

部署区域委派需要在委派服务器和受委派服务器中都进行必要的配置。

根据图 4-46，受委派服务器 DNS3 上要创建主要区域"china. long60. cn"，且要在该区域中创建资源记录，然后在委派服务器 DNS1 上创建委派区域"china"。具体步骤如下。

（1）配置受委派服务器

**步骤 1**　使用具有管理员权限的用户账户登录受委派服务器 DNS3。

**步骤 2**　在受委派服务器上安装 DNS 服务器角色和功能。

**步骤 3**　在受委派服务器 DNS3 上创建正向主要区域 china. long60. cn（正向主要区域的名称必须与受委派区域的名称相同），如图 4-47 和图 4-48 所示。

**步骤 4**　在受委派服务器 DNS3 上创建反向主要区域 10. 168. 192. in-addr. arpa。

**步骤 5**　创建区域完成后，新建资源记录，如主机 Client1.china.long60.cn 对应的 IP 地址是 192.168.10.100，DNS1.china.long60.cn 对应的 IP 地址是 192.168.10.1，DNS2.china.long60.cn 对应的 IP 地址是 192.168.10.2，DNS3.china.long60.cn 对应的 IP 地址是 192.168.10.3（必须新建），MS2.china.long60.cn 对应的 IP 地址是 192.168.10.200。受委派服务器配置完成后的界面如图 4-49 所示。

图 4-47　创建正向主要区域 china. long60. cn　（1）

图 4-48　创建正向主要区域 china. long60. cn　（2）

（2）配置委派服务器

委派服务器 DNS1 将在 long60. cn 中新建 china 委派域，并将其委派给 DNS3（IP 地址为 192.168.10.3）进行管理。

图 4-49　受委派服务器配置完成后的界面

**步骤 1**　使用具有管理员权限的用户账户登录委派服务器 DNS1。

**步骤 2**　打开"DNS 管理器"窗口，在区域"long60.cn"下创建 DNS3 的 A 记录，该 A 记录是被委派 DNS 服务器的 A 记录（DNS3.long60.cn 对应的 IP 地址是 192.168.10.3）。

**步骤 3**　选中"long60.cn"选项并单击鼠标右键，在弹出的快捷菜单中选择"新建委派"选项，弹出"新建委派向导"对话框。

**步骤 4**　单击"下一步"按钮，进入"受委派域名"界面，在此界面中指定要委派给受委派服务器进行管理的域名 china，如图 4-50 所示。

图 4-50　指定受委派域名

**步骤 5**　单击"下一步"按钮，进入"名称服务器"界面，在此界面中指定受委派服务器，单击"添加"按钮，弹出"新建名称服务器记录"对话框，在"服务器完全限定的域名（FQDN）"文本框中输入受委派服务器的 A 记录的 FQDM"DNS3.china.long60.cn"，在

"此 NS 记录的 IP 地址"列表框中输入受委派 DNS 服务器的 IP 地址"192.168.10.3"后按 Enter 键，如图 4-51 所示。注意，由于目前无法解析到 DNS3.china.long60.cn 的 IP 地址，因此，输入 FQDN 后，不要单击"解析"按钮。

图 4-51  指定受委派服务器

**步骤 6**  单击"确定"按钮，返回"名称服务器"界面，从中可以看到受委派服务器，如图 4-52 所示。

图 4-52  "名称服务器"界面

**步骤 7** 单击"下一步"按钮，进入"完成"界面，单击"完成"按钮，返回"DNS 管理器"窗口。在"DNS 管理器"窗口中可以看到已经添加的委派子域"china"，委派服务器配置完成。完成委派设置的界面如图 4-53 所示（注意，一定不要在 long60.cn 域中建立 china 子域）。

> **注意** 受委派服务器必须在委派服务器中有一个对应的 A 记录，以便委派服务器指向受委派服务器。该 A 记录可以在新建委派之前创建，否则在新建委派时会自动创建。

图 4-53 完成委派设置的界面

（3）将 DNS3 升级为子域控制器

需要说明的是，将 DNS3 升级为子域控制器在部署委派域时并不是必需的。

**步骤 1** 参考项目 3 的相关内容，在 DNS3 上安装 Active Directory 域服务。

**步骤 2** 打开图 4-54 所示的窗口时，选中"将新域添加到现有林"单选按钮，选择域类型为"子域"，父域名为"long60.cn"，子域名为"china"，单击"更改"按钮，在弹出的"Windows 安全中心"对话框中输入域 long60.cn 的域管理员账户和密码，单击"确定"按钮。

图 4-54 子域的部署配置

**步骤 3** 单击"下一步"按钮，直到完成安装，计算机会自动重新启动。至此，DNS3 成功升级为子域 china. long60. cn 的域控制器。

**3. 测试委派**

**步骤 1** 使用具有管理员权限的用户账户登录客户端 Client1。首选 DNS 服务器的 IP 地址设为 192. 168. 10. 1。

**步骤 2** 使用 nslookup 命令测试 Client1.china. long60.cn。如果成功，则说明 IP 地址为 192. 168. 10. 1 的服务器到 IP 地址为 192. 168. 10. 3 的服务器的委派成功，如图 4-55 所示。

图 4-55 测试委派

## 任务 4-7 部署存根区域

存根区域（Stub Zone）与委派域类似，但是此区域内只包含 SOA、NS 与粘附 A（记载授权服务器的 IP 地址）记录，利用这些记录可得知此区域的授权服务器。存根区域与委派域的主要差别如下。

● 存根区域内的 SOA、NS 与 A 记录是从其主服务器（此区域的授权服务器）复制过来的，当主服务器内的这些记录发生变化时，会通过区域传送的方式复制过来。存根区域的区域传送只会传送 SOA、NS 与 A 记录。其中，A 记录用来记载授权服务器的 IP 地址，此 A 记录需要跟随 NS 记录一并被复制到存根区域中，否则拥有存根区域的服务器无法解析到授权服务器的 IP 地址。这条 A 记录被称为 glue A 记录。

● 委派域内的 NS 记录是在执行委派操作时建立的，以后如果此域内有新授权的服务器，则需由系统管理员手动将此新 NS 记录输入委派域内。

当有 DNS 客户端来查询（查询模式为递归查询）存根区域内的资源记录时，DNS 服务器会利用区域内的 NS 记录得知此区域的授权服务器，并向授权服务器查询（查询模式为转寄查询）。如果无法从存根区域内找到此区域的授权服务器，那么 DNS 服务器会采用标准方式向根域服务器查询。

**1. 部署存根区域的需求和环境**

在 DNS2 上建立一个正、反向查找的存根区域 smile60. cn，并将此区域的查询请求转发给此区域的授权服务器 DNS4 来处理，如图 4-56 所示。

① DNS2 可沿用任务 4-6 的 DNS 服务器，也可重新建立。DNS2 是独立服务器、DNS 服务器，首选 DNS 服务器的 IP 地址为 192. 168. 10. 2，备用 DNS 服务器的 IP 地址为 192. 168. 10. 4。

② 新建一台服务器或者由 Server4 的初始安装快照恢复而来，设定其 IP 地址为 192. 168. 10. 4/24，首选 DNS 服务器的 IP 地址为 192. 168. 10. 4，备用 DNS 服务器的 IP 地址为 192. 168. 10. 2，主机名称为 DNS4，设置完成后，重新启动计算机。

**2. 确认是否允许区域传送**

DNS2 的存根区域内的记录是利用区域传送从授权服务器 DNS4 复制过来的，如果 DNS4 不允许将区域记录传送给 DNS2，那么 DNS2 向 DNS4 提出区域传送请求时会被拒绝。这里先设置 DNS4 可以将记录通过区域传送复制给 DNS2。下面在 DNS4 上进行操作。

图 4-56　配置 DNS 存根区域的网络拓扑结构

**步骤 1**　以管理员身份登录 DNS4，同时安装 Active Directory 域服务与 DNS 服务器角色和功能。

**步骤 2**　将 DNS4 升级为域控制器，域名为 smile60. cn（添加新域目录林）。

**步骤 3**　打开"DNS 管理器"窗口，在 DNS4 上建立 smile60. cn 域的反向主要区域。

**步骤 4**　在 smile60. cn 中新建多条用来测试的 A 记录和 PTR 记录，如图 4-57 所示，并应包含 DNS4 自己的 A 记录（系统自建）和 PTR 记录。先新建 A 记录，再新建相应的 PTR 记录。

图 4-57　新建 A 记录和 PTR 记录

> **注意**　DNS4 的 A 记录是系统自建的，但其 PTR 记录务必手动建立，否则后面会出错。

**步骤 5**　选中"smile60. cn"选项并单击鼠标右键，在弹出的快捷菜单中选择"属性"选项，在弹出的对话框中选择"区域传送"选项卡，勾选"允许区域传送"复选框，选中"只允许到下列服务器"单选按钮，单击"编辑"按钮，以便选择 DNS2 的 IP 地址。

**步骤 6**　输入 DNS2 的 IP 地址后直接按 Enter 键，单击"确定"按钮。注意，它会通过反向查询来尝试解析拥有此 IP 地址的主机名（FQDN）。如果服务器 DNS4 没有反向查找区域可供查询，则显示无法解析的警告信息，如图 4-58 所示，但它并不会影响到区域传送。本例中首先就要求建立反向主要区域，而新建 A 记录的同时要新建 PTR 记录。请读者注意，不用理会警告信息。

图 4-58　警告信息

**步骤 7**　依次单击"确定"→"应用"→"确定"按钮。

**步骤 8**　类似地，选中"反向查找区域"中的"10.168.192.in-addr.arpa"选项并单击鼠标右键，在弹出的快捷菜单中选择"属性"选项，重复步骤 5~步骤 7，设置 DNS4 可以将反向查找区域的记录通过区域传送复制给 DNS2。

### 3. 建立存根区域

在 DNS2 上建立存根区域 smile60.cn，并让它从 DNS4 复制区域记录。

**步骤 1**　在 DNS2 上选择"开始"→"Windows 管理工具"→"DNS"选项，在打开的窗口中选中"正向查找区域"并单击鼠标右键，在弹出的快捷菜单中选择"新建区域"选项。

**步骤 2**　进入"欢迎使用新建区域向导"界面时，单击"下一步"按钮。

**步骤 3**　在图 4-59 所示的界面中选中"存根区域"单选按钮后，单击"下一步"按钮。

**步骤 4**　在图 4-60 所示的界面中输入区域名称"smile60.cn"后，单击"下一步"按钮。

**步骤 5**　在"区域文件"界面中直接单击"下一步"按钮，以采用默认的区域文件名。

图 4-59 选择区域类型

图 4-60 输入区域名称

**步骤 6** 在图 4-61 所示的界面中输入主 DNS 服务器 DNS4 的 IP 地址后按 Enter 键，单击"下一步"按钮。注意，它会通过反向查询来尝试解析拥有此 IP 地址的主机名（FQDN）。如果反向查找区域不可用或反向查询区域内没有对应记录，则会显示无法解析的警告信息，此时可以不必理会此信息，它并不会影响区域传送。

图 4-61　输入主 DNS 服务器的 IP 地址

**步骤 7**　在"正在完成新建区域向导"界面中单击"完成"按钮。

**步骤 8**　类似地，重复步骤 1~步骤 7，新建反向查找区域。

**步骤 9**　图 4-62 所示的 smile60. cn 就是建立的存根区域的正向查找区域，其内的 SOA 记录、NS 记录与记载着授权服务器 IP 地址的 A 记录是自动由其主服务器 DNS4 复制过来的。同样，DNS2 存根区域的反向查找区域也正确地从 DNS4 复制过来了。

图 4-62　存根区域

　　存储存根区域的 DNS 服务器默认会每隔 15 分钟自动请求其主机服务器执行区域传送的操作。也可以选中存根区域后单击鼠标右键，在弹出的快捷菜单中选择"从主服务器传输"或"从主服务器传送区域的新副本"选项来手动要求执行区域传送操作，但它只会传送 SOA 记录、NS 记录与记载着授权服务器的 IP 地址的 A 记录。

### 4. 到客户端验证

现在可以利用 DNS 客户端 Client1 来测试存根区域了。Client1 的 DNS 服务器的 IP 地址设置为 192.168.10.2。使用 nslookup 命令来测试，图 4-63 所示为客户端验证结果，表明成功得到了 IP 地址。

图 4-63　客户端验证结果

## 4.4　习　题

### 一、填空题

1. _____是一个用于存储单个 DNS 域名的数据库，是域名空间树状结构的一部分，它将域名空间分区为较小的区段。

2. DNS 顶级域名中表示政府单位的是_____。

3. _____表示邮件交换的资源记录。

4. 可以用来检测 DNS 资源是否创建正确的两个工具是_____和_____。

5. DNS 服务器的查询模式有_____和_____。

### 二、选择题

1. 某企业的网络工程师安装了一台基本的 DNS 服务器，用来提供域名解析服务。网络中的其他计算机都作为这台 DNS 服务器的客户机。其在服务器中创建了一个标准主要区域，在一台客户机上使用 nslookup 命令查询某个主机名称，DNS 服务器能够正确地将其 IP 地址解析出来。可是当使用 nslookup 命令查询相应 IP 地址时，DNS 服务器却无法将其主机名称解析出来。要想解决这个问题，应该（　　　）。

A. 在 DNS 服务器反向解析区域中，为这条 A 记录创建相应的 PTR 记录

B. 在 DNS 服务器区域属性上设置允许动态更新

C. 在要查询的这台客户机上运行"ipconfig /registerdns"命令

D. 重新启动 DNS 服务器

2. 在 Windows Server 2022 的 DNS 服务器上不可以新建的区域类型有（　　）。

A. 转发区域　　　　B. 辅助区域　　　　C. 存根区域　　　　D. 主要区域

3. DNS 提供了一个（　　）命名方案。

A. 分级　　　　　　B. 分层　　　　　　C. 多级　　　　　　D. 多层

4. DNS 顶级域名中表示商业组织的是（　　）。

A. com　　　　　　B. gov　　　　　　C. mil　　　　　　　D. org

5. （　　）表示别名的资源记录。

A. MX　　　　　　B. SOA　　　　　　C. CNAME　　　　　D. PTR

### 三、简答题

1. DNS 服务器的查询模式有哪几种？

2. DNS 服务器的常见资源记录有哪些？

3. DNS 服务器的管理与配置流程是什么？

4. DNS 服务器属性中的"转发器"的作用是什么？

5. 什么是 DNS 服务器的动态更新？

### 四、案例分析

某企业安装了自己的 DNS 服务器，为企业内部客户端提供主机名称解析服务。然而，企业内部的用户除了访问内部的网络资源外，还想访问 Internet 资源。作为企业的网络管理员，应该怎样配置 DNS 服务器？

## 4.5　项目实训　配置与管理 DNS 服务器

### 一、实训目的

- 掌握 DNS 服务器的安装与配置方法。
- 掌握两个以上的 DNS 服务器的建立与管理方法。
- 掌握 DNS 正向查询和反向查询的功能及其配置方法。
- 掌握各种 DNS 服务器的配置方法。
- 掌握 DNS 资源记录的规划和创建方法。

### 二、项目环境

本项目实训依据的网络拓扑结构分别如图 4-5、图 4-31 和图 4-46 所示。

### 三、项目要求

① 依据图 4-5 完成任务：添加 DNS 服务器，部署主 DNS 服务器，配置 DNS 客户端并测试主 DNS 服务器的配置。

② 依据图 4-31 完成任务：部署唯缓存 DNS 服务器，配置转发器，测试唯缓存 DNS 服务器。

③ 依据图 4-46 完成任务：部署 DNS 服务器的委派服务。

### 四、做一做

根据项目实训视频进行项目的实训，检查学习效果。

# 配置与管理 DHCP 服务器

　　某高校已经组建了校园网。然而，随着笔记本电脑的普及，教师移动办公及学生移动学习的现象越来越普遍。当计算机从一个网络移动到另一个网络时，需要获知新网络的 IP 地址、默认网关等信息，并对计算机进行设置。这样，客户端就需要知道整个网络的部署情况，需要知道自己处于哪个网段、哪些 IP 地址是空闲的，以及默认网关是多少等。这不仅让用户觉得烦琐，还给网络管理员规划网络、分配 IP 地址带来了困难。网络中的用户需要无论处于网络中的什么位置，都不用配置 IP 地址、默认网关等信息就能够上网。这就需要在网络中部署 DHCP 服务器。

　　在完成该项目之前，首先应当对整个网络进行规划，确定网段的划分及每个网段可能的主机数量等信息。

## 学习要点

- 了解 DHCP 服务器在网络中的作用。
- 理解 DHCP 服务的工作过程。
- 掌握 DHCP 服务器的基本配置方法。
- 掌握 DHCP 客户端的配置和测试方法。
- 掌握常用 DHCP 选项的配置方法。
- 理解在网络中部署 DHCP 服务器的解决方案。
- 掌握常见 DHCP 服务器的维护方法。

项目 5　配置与管理
DHCP 服务器

## 素质要点

- "雪人计划"服务于国家的"信创产业"。通过了解"雪人计划"，激发学生的爱国情怀和求知求学的斗志。
- "靡不有初，鲜克有终。""莫等闲，白了少年头，空悲切。"学生要善始善终，不负韶华。

## 5.1　项目基础知识

手动设置每一台计算机的 IP 地址是管理员十分不愿意做的一件事，于是出现了自动配置 IP 地址的方法，这就是 DHCP。DHCP 可以自动为局域网中的每一台计算机分配 IP 地址，并完成每台计算机的 TCP/IP 配置，包括 IP 地址、子网掩码、网关及 DNS 服务器的 IP 地址等。DHCP 服务器能够从预先设置的 IP 地址池中自动给主机分配 IP 地址，它不仅能够解决 IP 地址冲突的问题，还能及时回收 IP 地址，以提高 IP 地址的利用率。

### 5.1.1　何时使用 DHCP 服务

网络中每一台主机的 IP 地址与相关配置可以采用以下两种方式获得：手动配置和自动获得（自动向 DHCP 服务器获取）。

在网络主机少的情况下，可以手动为网络中的主机分配静态的 IP 地址，但当网络主机很多时，就需要使用动态 IP 地址方案。在该方案中，每台计算机并不设定固定的 IP 地址，而是在计算机开机时才被分配一个 IP 地址，这台计算机被称为 DHCP 客户端。在网络中提供 DHCP 服务的计算机称为

5-1 微课
DHCP 服务

DHCP 服务器。DHCP 服务器利用 DHCP 为网络中的主机分配动态 IP 地址，并提供子网掩码、默认网关、路由器的 IP 地址及一个 DNS 服务器的 IP 地址等。

动态 IP 地址方案可以减少管理员的工作量。只要 DHCP 服务器正常工作，IP 地址就不会发生冲突。要大批量更改计算机的所在子网或其他 IP 地址参数时，只需在 DHCP 服务器上进行操作即可，管理员不必为每一台计算机设置 IP 地址等参数。

需要动态分配 IP 地址的情况包括以下 3 种。

● 网络的规模较大，网络中需要分配 IP 地址的主机很多。特别是要在网络中增加和删除主机或者要重新配置网络时，使用手动分配 IP 地址的方式工作量很大，且常常会因为用户不遵守规则而出现错误，如导致 IP 地址的冲突等。

● 网络中的主机多，而 IP 地址不够用。例如，某个网络中有 200 台计算机，采用静态 IP 地址时，每台计算机都需要预留一个 IP 地址，即共需要 200 个 IP 地址。然而，这 200 台计算机并不同时开机，甚至可能只有 20 台计算机会同时开机，这样就浪费了 180 个 IP 地址。这种情况对因特网服务提供方（the Internet Service Provider，ISP）来说十分严重。如果 ISP 有 100 000 个用户，则是否需要 100 000 个 IP 地址？解决这个问题的方法就是使用 DHCP 服务。

● 计算机从一个网络移动到另一个网络。计算机的每次移动都需要改变 IP 地址，并且移动的计算机在每个网络中都需要占用一个 IP 地址。

拨号上网实际上就是从 ISP 那里动态获得一个公有的 IP 地址。

### 5.1.2　DHCP 地址分配方式

DHCP 允许 3 种地址分配方式。

① 自动分配方式。当 DHCP 客户端第一次成功地从 DHCP 服务器租用到 IP 地址之后，就永远使用这个地址。

② 动态分配方式。当 DHCP 客户端第一次从 DHCP 服务器租用到 IP 地址之后，并非永久地使用该地址，只要租约到期，DHCP 客户端就要释放这个 IP 地址，以让其他工作站使用。当然，DHCP 客户端可以比其他主机更优先地更新租约，或是租用其他 IP 地址。

③ 手动分配方式。DHCP 客户端的 IP 地址是由网络管理员指定的，DHCP 服务器只是把指定的 IP 地址告诉 DHCP 客户端。

## 5.1.3 DHCP 服务的工作过程

### 1. DHCP 客户端第一次登录网络

当 DHCP 客户端第一次登录网络时，它通过以下步骤从 DHCP 服务器获得租约。

① DHCP 客户端在本地子网中发送 DHCP Discover 报文。此报文以广播的形式发送，因为 DHCP 客户端现在不知道 DHCP 服务器的 IP 地址。

② DHCP 服务器收到 DHCP 客户端广播的 DHCP Discover 报文后，会向 DHCP 客户端发送 DHCP Offer 报文，其中包括一个可租用的 IP 地址。

如果没有 DHCP 服务器对 DHCP 客户端的请求做出反应，则可能发生以下两种情况。

• 如果用户使用的是 Windows 2000 及后续版本的操作系统，且自动设置 IP 地址的功能处于激活状态，那么 DHCP 客户端将自动从微软保留的 IP 地址段中选择一个自动专用 IP 地址（Automatic Private IP Addressing，APIPA）作为自己的 IP 地址。自动专用 IP 地址的范围是 169.254.0.1 ~ 169.254.255.254。使用自动专用 IP 地址可以确保在 DHCP 服务器不可用时，DHCP 客户端之间仍然可以利用自动专用 IP 地址进行通信。所以，即使网络中没有 DHCP 服务器，计算机之间仍能通过网上邻居发现彼此。

• 如果使用其他操作系统或自动设置 IP 地址的功能被禁止，则 DHCP 客户端无法获得 IP 地址，初始化失败。但 DHCP 客户端在后台会每隔 5 分钟发送 4 次 DHCP Discover 报文，直到它收到 DHCP Offer 报文。

**DHCP客户端 DHCP服务器**

IP地址租约发现
IP地址租约提供
IP地址租约请求
IP地址租约确认

**图 5-1　过程解析**

③ 一旦 DHCP 客户端收到 DHCP Offer 报文，它就会发送 DHCP Request 报文到 DHCP 服务器，表示它将使用服务器提供的 IP 地址。

④ DHCP 服务器在收到 DHCP Request 报文后，会立即发送 DHCP ACK 报文，以确定此租约成立，且此报文还包含其他 DHCP 选项信息。

DHCP 客户端收到确认信息后，利用其中的信息配置其 TCP/IP 并加入网络。上述过程解析如图 5-1 所示。

### 2. DHCP 客户端第二次登录网络

DHCP 客户端获得 IP 地址后再次登录网络时，就不需要再发送 DHCP Discover 报文了，而是直接发送包含前一次所分配的 IP 地址的 DHCP Request 报文。DHCP 服务器收到 DHCP Request 报文后，会尝试让 DHCP 客户端继续使用原来的 IP 地址，并回答一个 DHCP ACK 报文。

如果 DHCP 服务器无法分配给 DHCP 客户端原来的 IP 地址，则回答一个 DHCP NACK 报文。当 DHCP 客户端接收到 DHCP NACK 报文后，必须重新发送 DHCP Discover 报文来请求新的 IP 地址。

### 3. DHCP 租约的更新

IP 地址被分配给 DHCP 客户端后，有租用时间的限制，DHCP 客户端必须在该次租约过期前对它进行更新。DHCP 客户端在 50% 的租约时间过去以后，每隔一段时间就开始请求 DHCP 服务器更新当前租约。如果 DHCP 服务器应答，则租约延期。如果 DHCP 服务器始终没有应答，则在有效租约时间达到 87.5% 时，DHCP 客户端应该与任何一个其他 DHCP 服务器通信，并请求更新它的配置信息。如果 DHCP 客户端不能和其他 DHCP 服务器取得联系，则租约时间到后，它必须放弃当前的 IP 地址，并重新发送一个 DHCP Discover 报文开始请求新的 IP 地址。

DHCP 客户端可以主动向 DHCP 服务器发出 DHCP Release 报文，以将当前的 IP 地址释放。

## 5.2　项目设计与准备

部署 DHCP 服务器之前应该先进行规划，明确哪些 IP 地址用于自动分配给客户端（作用域中应包含的 IP 地址），哪些 IP 地址用于手动指定给特定的服务器。例如，在本项目中，IP 地址 192.168.10.10/24~192.168.10.200/24 用于自动分配；将 IP 地址 192.168.10.100/24~192.168.10.120/24、192.168.10.10/24、192.168.10.20/24 排除，预留给需要手动指定 TCP/IP 参数的服务器；将 192.168.10.200/24 用作保留地址等。

根据图 5-2 所示的网络拓扑结构来部署 DHCP 服务器。虚拟机的网络连接模式全部采用"仅主机模式"。

图 5-2　部署 DHCP 服务器的网络拓扑结构

**注意**　用于手动配置的 IP 地址一定是地址池之外的地址，或者是地址池内但已经被排除的地址，否则会造成 IP 地址冲突。请读者思考原因。

## 5.3　项目实施

① 若利用虚拟环境来练习，则将这些计算机连接的虚拟网络的 DHCP 服务器功能禁用；

如果利用物理计算机进行练习，则将网络中其他的 DHCP 服务器关闭或停用，如停用 IP 共享设备或宽带路由器内的 DHCP 服务器功能。这些 DHCP 服务器都会干扰实验。

② 若 Client1、Client2 与 DNS1 的硬盘是从同一个虚拟硬盘复制来的，则需要执行 C:\Windows\System32\Sysprep 内的程序 sysprep.exe，并勾选"通用"复选框。

### 任务 5-1　安装 DHCP 服务器角色

DNS1 已经安装了活动目录集成的 DNS 服务器。下面在其上安装 DHCP 服务器。

**步骤 1**　选择"开始"→"Windows 管理工具"→"服务器管理器"→"仪表板"→"添加角色和功能"选项，在弹出的对话框中持续单击"下一步"按钮，直到进入图 5-3 所示的"选择服务器角色"界面，勾选"DHCP 服务器"复选框，在弹出的"添加角色和功能向导"对话框中单击"添加功能"按钮。

图 5-3　"选择服务器角色"界面

**步骤 2**　持续单击"下一步"按钮，最后单击"安装"按钮，开始安装 DHCP 服务器。安装完毕，单击"关闭"按钮，完成 DHCP 服务器角色的安装。

**步骤 3**　选择"开始"→"Windows 管理工具"→"DHCP"选项，打开"DHCP"窗口，如图 5-4 所示，可以在此配置和管理 DHCP 服务器。

> **提示**　因为 DHCP 服务器是安装在域控制器上的，尚没有被"授权"，且 IP 作用域尚没有被新建和"激活"，所以在"IPv4"选项处显示红色向下箭头。

图 5-4　"DHCP"窗口

## 任务 5-2　授权 DHCP 服务器

Windows Server 2022 为使用活动目录的网络提供了集成的安全性支持。针对 DHCP 服务器，它提供了授权的功能。使用这一功能可以对网络中配置正确的合法 DHCP 服务器进行授权，允许它们为客户端自动分配 IP 地址；同时，能够检测未授权的非法 DHCP 服务器，以及防止这些服务器在网络中启动或运行，从而提高网络的安全性。

### 1. 对域中的 DHCP 服务器进行授权

如果 DHCP 服务器是域的成员，且在安装 DHCP 服务器的过程中没有选择授权，那么在安装完成后必须先授权，才能为客户端计算机提供 IP 地址。独立服务器不需要授权。具体步骤如下。

在图 5-4 所示的窗口中选中 DHCP 服务器 "dns1. long60. cn" 选项并单击鼠标右键，在弹出的快捷菜单中选择 "授权"选项，即可为 DHCP 服务器授权。重新打开 "DHCP"窗口，如图 5-5 所示，显示 DHCP 服务器已授权："IPv4"选项前面的红色向下箭头变为了绿色对勾。

图 5-5　DHCP 服务器已授权

### 2. 为什么要授权 DHCP 服务器

由于 DHCP 服务器为 DHCP 客户端自动分配 IP 地址时均采用广播机制，且 DHCP 客户端在发送 DHCP Request 报文进行 IP 地址租用选择时，也只是简单地选择第一个收到的 DHCP Offer 报文，这意味着在整个 IP 地址租用过程中，网络中所有的 DHCP 服务器都是平等的。如果网络中的 DHCP 服务器都是正确配置的，则网络将能够正常运行。如果网络中出现了错误配置的 DHCP 服务器，则可能会引发网络故障。例如，错误配置的 DHCP 服务器可能会为 DHCP 客户端分配不正确的 IP 地址，导致 DHCP 客户端无法进行正常的网络通信。在图 5-6 所示的网络环境中，配置正确的合法 DHCP 服务器 DHCP1 可以为 DHCP 客户端提供符合网络规划的 IP 地址 192.168.10.51/24 ~ 192.168.10.150/24，而配置错误的非法 DHCP 服务器 bad_dhcp 为 DHCP 客户端提供的是不符合网络规划的 IP 地址 10.0.0.21/24 ~ 10.0.0.100/24。对于网络中的 DHCP 客户端 Client1 来说，由于在自动获取 IP 地址的过程中，两台 DHCP 服务器具有平等的被选择权，因此 Client1 将有 50% 的可能性获得一个由 bad_dhcp 提供的 IP 地址，这意味着网络出现故障的可能性将高达 50%。

图 5-6　网络中出现非法的 DHCP 服务器

为了解决这一问题，Windows Server 2022 引入了 DHCP 服务器的授权机制。通过授权机制，DHCP 服务器在服务于 DHCP 客户端之前，需要验证是否已在活动目录中被授权。如果未经授权，则其将不能为 DHCP 客户端分配 IP 地址。这样就避免了由网络中出现错误配置的 DHCP 服务器导致的大多数意外网络故障。

> **注意** ① 在工作组环境中，DHCP 服务器肯定是独立服务器，无须授权（也不能授权）也能向 DHCP 客户端提供 IP 地址。
> ② 在域环境中，域控制器或域成员身份的 DHCP 服务器能够被授权，为 DHCP 客户端提供 IP 地址。
> ③ 在域环境中，独立服务器身份的 DHCP 服务器不能被授权，若域中有被授权的 DHCP 服务器，则此服务器不能为 DHCP 客户端提供 IP 地址；若域中没有被授权的 DHCP 服务器，则此服务器可以为 DHCP 客户端提供 IP 地址。

**任务 5-3　管理 DHCP 作用域**

一台 DHCP 服务器可以创建多个不同的作用域。作用域在安装 DHCP 服务器的过程中创建，也可以在 DHCP 服务器安装完成后在"DHCP"窗口中创建。

### 1. 创建 DHCP 作用域

若在安装时没有创建作用域，则可以单独创建 DHCP 作用域。具体步骤如下。

**步骤 1**　在 DNS1 上打开"DHCP"窗口，展开服务器名，选中"IPv4"选项并单击鼠标右键，在弹出的快捷菜单中选择"新建作用域"选项。

**步骤 2**　单击"下一步"按钮，进入"作用域名"界面，在"名称"文本框中输入新作用域的名称，用来与其他作用域进行区分。本例为"作用域 1"。

**步骤 3**　单击"下一步"按钮，进入图 5-7 所示的"IP 地址范围"界面，在"起始 IP 地址"和"结束 IP 地址"文本框中输入欲分配的 IP 地址范围。

图 5-7　"IP 地址范围"界面

**步骤 4**　单击"下一步"按钮，进入图 5-8 所示的"添加排除和延迟"界面，设置客户端的排除地址。在"起始 IP 地址"和"结束 IP 地址"文本框中输入欲排除的 IP 地址或 IP 地址段，单击"添加"按钮，将其添加到"排除的地址范围"列表框中。

图 5-8　"添加排除和延迟"界面

**步骤5** 单击"下一步"按钮，进入"租用期限"界面，在此界面设置客户端租用 IP 地址的时间。

**步骤6** 单击"下一步"按钮，进入"配置 DHCP 选项"界面，提示是否配置 DHCP 选项，选中默认的"是，我想现在配置这些选项"单选按钮。

**步骤7** 单击"下一步"按钮，进入图 5-9 所示的"路由器（默认网关）"界面，在"IP 地址"文本框中输入要分配的网关，单击"添加"按钮将其添加到列表框中。本例为"192.168.10.254"。

图 5-9 "路由器（默认网关）"界面

**步骤8** 单击"下一步"按钮，进入"域名称和 DNS 服务器"界面，在"父域"文本框中输入进行 DNS 解析时使用的父域，在"IP 地址"文本框中输入 DNS 服务器的 IP 地址，单击"添加"按钮将其添加到列表框中，如图 5-10 所示。本例为"long60.cn"和"192.168.10.1"。

**步骤9** 单击"下一步"按钮，进入"WINS 服务器"界面，设置 WINS 服务器。如果网络中没有配置 WINS 服务器，则不必设置。

**步骤10** 单击"下一步"按钮，进入"激活作用域"界面，询问是否要激活作用域。建议选中默认的"是，我想现在激活此作用域"单选按钮。

**步骤11** 单击"下一步"按钮，进入"正在完成新建作用域向导"界面。

**步骤12** 单击"完成"按钮，作用域创建完成并自动激活。

**2. 创建多个 IP 作用域**

可以在一台 DHCP 服务器中创建多个 IP 作用域，以便为多个子网内的 DHCP 客户端提供服务。图 5-11 所示的 DHCP 服务器内有两个 IP 作用域：一个用来提供 IP 地址给左侧网络内的 DHCP 客户端，此网络的标识符为 192.168.10.0；另一个用来提供 IP 地址给右侧网络内的 DHCP 客户端，此网络的标识符为 192.168.20.0。

图 5-10　"域名称和 DNS 服务器"界面

图 5-11　超级作用域应用实例

右侧网络内的 DHCP 客户端在向 DHCP 服务器租用 IP 地址时，DHCP 服务器会选择 192.168.20.0 作用域的 IP 地址，而不是 192.168.10.0 作用域的 IP 地址：右侧网络内的 DHCP 客户端发出的租用 IP 地址的数据包是通过路由器转发的，路由器会在这个数据包内的 GIADDR（Gateway IP Address，网关 IP 地址）字段中填入路由器的 IP 地址（192.168.20.254），因此 DHCP 服务器便可以通过此 IP 地址得知 DHCP 客户端位于 192.168.20.0 的网段内，选择 192.168.20.0 作用域的 IP 地址分发给 DHCP 客户端。

> **注意**　除了 GIADDR 之外，有些网络环境中的路由器还需要使用 DHCP option 82 内的更多信息来判断应该租用什么 IP 地址给 DHCP 客户端。该实例很有意思，读者不妨亲自搭建并测试一下。

左侧网络内的 DHCP 客户端在向 DHCP 服务器租用 IP 地址时，DHCP 服务器会选择 192.168.10.0 作用域的 IP 地址，而不是 192.168.20.0 作用域的 IP 地址：左侧网络内的 DHCP 客户端发出的租用 IP 地址的数据包是直接由 DHCP 服务器来接收的，因此数据包内的 GIADDR 字段中的路由器 IP 地址为 0.0.0.0，当 DHCP 服务器发现此 IP 地址为 0.0.0.0 时，就知道是同一个网段（192.168.10.0）内的客户端要租用 IP 地址，它会选择 192.168.10.0 作用域的 IP 地址分发给 DHCP 客户端。

## 任务 5-4　保留特定的 IP 地址

如果用户想保留特定的 IP 地址给指定的客户机，以便 DHCP 客户端在每次启动时都获得相同的 IP 地址，则需要将该 IP 地址与客户端的介质访问控制（Medium Access Control, MAC）地址绑定。具体步骤如下。

**步骤 1**　打开 "DHCP" 窗口，在左侧窗格中选择作用域中的 "保留" 选项。

**步骤 2**　选择 "操作"→"新建保留" 选项，弹出 "新建保留" 对话框，如图 5-12 所示。

**步骤 3**　在 "保留名称" 文本框中输入用户名称。注意，此名称只是一般的说明文字，并不是用户账户的名称，但此处不能为空白。

**步骤 4**　在 "IP 地址" 文本框中输入要保留的 IP 地址。本例为 "192.168.10.200"。

**步骤 5**　在 "MAC 地址" 文本框中输入保留 IP 地址对应的 MAC 地址。本例为 "000C299 E7CE5"，可以在目标客户机的命令提示符窗口中使用 "ipconfig /all" 命令查询 MAC 地址。

**步骤 6**　如果有需要，可以在 "描述" 文本框中输入一些描述此用户的说明性文字。设置完成后，单击 "添加" 按钮。

添加完成后，用户可选择作用域中的 "地址租用" 选项进行查看。大部分情况下，客户端使用的仍然是以前的 IP 地址。也可使用以下命令进行更新。

- ipconfig /release：释放现有 IP 地址。
- ipconfig /renew：更新 IP 地址。

**步骤 7**　在 MAC 地址为 000C299E7CE5 的计算机 Client2 上进行测试，该计算机的 IP 地址为保留地址，测试结果如图 5-13 所示。

图 5-12　"新建保留" 对话框

图 5-13　测试结果

**注意**　如果在设置保留地址时，网络中有多台 DHCP 服务器，则用户需要在其他服务器中将此保留地址排除，使客户端可以获得正确的保留地址。

### 任务 5-5　配置 DHCP 选项

DHCP 服务器除了可以为 DHCP 客户端提供 IP 地址外，还可以设置 DHCP 客户端启动时的工作环境，如客户端登录的域名称、DNS 服务器、WINS 服务器、路由器、默认网关等。

#### 1. DHCP 选项

在 DHCP 客户端启动或更新租约时，DHCP 服务器可以自动设置 DHCP 客户端启动后的 TCP/IP 环境。由于目前大多数 DHCP 客户端不支持全部的 DHCP 选项，因此，在实际应用中，通常只需对一些常用的 DHCP 选项进行配置。常用的 DHCP 选项如表 5-1 所示。

表 5-1　常用的 DHCP 选项

| 选项代码 | 选项名称 | 说明 |
| --- | --- | --- |
| 003 | 路由器 | DHCP 客户端所在 IP 子网的默认网关的 IP 地址 |
| 006 | DNS 服务器 | DHCP 客户端解析 FQDN 时需要使用的首选和备用 DNS 服务器的 IP 地址 |
| 015 | DNS 域名 | DHCP 客户端在解析只包含主机但不包含域名的不完整 FQDN 时应使用的默认域名 |
| 044 | WINS 服务器 | DHCP 客户端解析 NetBIOS 名称时需要使用的首选和备用 WINS 服务器的 IP 地址 |
| 046 | WINS/NBT 节点类型 | DHCP 客户端使用的 NetBIOS 名称解析方法 |

DHCP 服务器提供了许多选项，选项包括以下 4 种类型。

● 默认服务器选项：这些选项的设置影响"DHCP"窗口中相应服务器的所有作用域中的客户和类选项。

● 作用域选项：这些选项的设置只影响相应作用域中的地址租约。

● 类选项：这些选项的设置只影响被指定使用相应 DHCP 类 ID 的客户端。

● 保留客户选项：这些选项的设置只影响指定的保留客户。

如果在默认服务器选项与作用域选项中设置了不同的选项，则作用域选项起作用，即在应用时，作用域选项将覆盖默认服务器选项。同理，类选项会覆盖作用域选项，保留客户选项会覆盖其他 3 种选项，它们的优先级为保留客户选项 > 类选项 > 作用域选项 > 默认服务器选项。

#### 2. 配置 DHCP 默认服务器选项和作用域选项

为帮助读者进一步了解选项设置，以在作用域中添加 DNS 选项为例来说明 DHCP 的选项设置。

**步骤 1**　打开"DHCP"窗口，在左侧窗格中展开服务器，选择"作用域选项"选项，选择"操作"→"配置选项"选项。

**步骤 2**　弹出"作用域选项"对话框，如图 5-14 所示。在"常规"选项卡的"可用选项"列表框中勾选"006 DNS 服务器"复选框，添加 IP 地址，单击"确定"按钮。

图 5-14 "作用域选项"对话框

### 3. 配置 DHCP 类选项

（1）类选项概述

通过策略为特定的客户端计算机分配不同的 IP 地址与选项时，可以通过 DHCP 客户端发送的用户类、供应商类来区分客户端计算机。

● 用户类。可以为某些 DHCP 客户端计算机设置用户类标识符。例如，用户类标识符为"IT"，当这些客户端向 DHCP 服务器租用 IP 地址时，会将这个用户类标识符一并发送给服务器，而服务器会依据此用户类标识符来为这些客户端分配专用的选项设置。

● 供应商类。可以根据操作系统厂商提供的供应商类标识符来设置选项。Windows Server 2022 网络操作系统的 DHCP 服务器已具备识别 Windows 客户端的能力，并通过以下 4 个内置的供应商类选项来设置客户端的 DHCP 选项。

① DHCP Standard Options：适用于所有的客户端。

② Microsoft Windows 2000 Options：适用于 Windows 2000 操作系统（含）后的客户端。

③ Microsoft Windows 98 Options：适用于 Windows 98/ME 操作系统的客户端。

④ Microsoft Options：适用于其他的 Windows 操作系统的客户端。

如果要支持其他操作系统的客户端，则应先查询其供应商类标识符，再在 DHCP 服务器内新建此供应商类标识符，并针对这些客户端来设置选项。安卓系统的供应商类标识符的前 6 位为 dhcpcd，因此可以利用 dhcpcd * 来代表所有的安卓设备。

（2）用户类实例的问题需求

以下将通过用户类标识符来识别客户端计算机，且仍然采用图 5-2 所示的网络环境。假设客户端 Client1 的用户类标识符为 "IT"。当 Client1 向 DHCP 服务器租用 IP 地址时，会将标识符 "IT" 传递给服务器，我们希望服务器根据此标识符来分配客户端的 IP 地址，IP 地址的范围为 192.168.10.150/24～192.168.10.180/24，并将客户端的 DNS 服务器的 IP 地址设置为 192.168.10.1。

（3）在 DHCP 服务器 DNS1 上新建用户类标识符

**步骤 1**　选择 "IPv4" 选项并单击鼠标右键，在弹出的快捷菜单中选择 "定义用户类" 选项，如图 5-15 所示。

图 5-15　选择 "定义用户类" 选项

**步骤 2**　在弹出的对话框中单击 "添加" 按钮，在 "新建类" 对话框的 "显示名称" 文本框中输入 "技术部"，直接在 "ASCII" 处输入用户类标识符 "IT" 后，单击 "确定" 按钮，如图 5-16 所示。注意，此处区分字母大小写，例如，"IT" 与 "it" 是不同的。

> **提示**　若要新建供应商类标识符，则在选择 "IPv4" 选项并单击鼠标右键后，在弹出的快捷菜单中选择 "定义供应商类" 选项。

（4）在 DHCP 服务器中针对用户类标识符 "IT" 设置类选项

假设客户端计算机是通过前面建立的作用域 "作用域 1" 来租用 IP 地址的，则要通过此作用域的策略将 DNS 服务器的 IP 地址 192.168.10.1 分配给用户类标识符为 "IT" 的客户端。

**步骤 1**　选择 "作用域 [192.168.10.0]"→"策略" 选项并单击鼠标右键，在弹出的快捷菜单中选择 "新建策略" 选项，如图 5-17 所示。

图 5-16　添加用户类标识符"IT"

图 5-17　选择"新建策略"选项

**步骤 2**　在弹出的"DHCP 策略配置向导"对话框中设置此策略的名称（假设是 TestIT），单击"下一步"按钮。

**步骤 3**　单击"添加"按钮，以设置筛选条件。在弹出的对话框中，将"条件"下拉列表中的"用户类"设置为"技术部"（其标识符为"IT"），单击"确定"按钮，如图 5-18 所示。

**步骤 4**　返回"DHCP 策略配置向导"对话框，单击"下一步"按钮。

图 5-18   设置"用户类"为"技术部"

**步骤 5**   根据需求，要在此策略内分配 IP 地址，设置 IP 地址的范围为 192.168.10.150~ 192.168.10.180，单击"下一步"按钮，如图 5-19 所示。

图 5-19   设置 IP 地址的范围

**步骤 6** 将 DNS 服务器的 IP 地址设置为 192.168.10.1，单击"下一步"按钮，如图 5-20 所示。

图 5-20 设置 DNS 服务器的 IP 地址

**步骤 7** 进入"摘要"界面后，单击"完成"按钮。

**步骤 8** 图 5-21 所示的 TestIT 为刚才创建的策略，DHCP 服务器会将这个策略中的设置分配给用户类标识符为"IT"的客户端计算机。

图 5-21 创建的 TestIT 策略

（5）DHCP 客户端的设置

**步骤 1** 将 DHCP 客户端的用户类标识符设置为"IT"。假设客户端为 Client1，选择"开始"→"Windows 系统"选项，弹出"Windows 系统"对话框，选择"命令提示符"选项并单击鼠标右键，在弹出的快捷菜单中选择"更多"→"以管理员身份运行"选项，使用"ipconfig /setclassid "Ethernet0" IT"命令来设置用户类标识符（用户类标识符区分字母大小写），如图 5-22 所示。

图 5-22 在 DHCP 客户端设置用户类标识符

提示 图 5-22 中的"Ethernet0"是网络连接的名称，在 Windows 10 操作系统的客户端选中"开始"菜单并单击鼠标右键，在弹出的快捷菜单中选择"运行"选项，在"运行"对话框的"打开"文本框中输入"control"后按 Enter 键，选择"网络和Internet"→"网络和共享中心"选项来查看网络连接名称，每一个网络连接都可以设置一个用户类标识符，如图 5-23 所示。

图 5-23 查看网络连接名称

步骤 2 客户端设置完成后，可以使用"ipconfig /all"命令来检查，如图 5-24 所示。

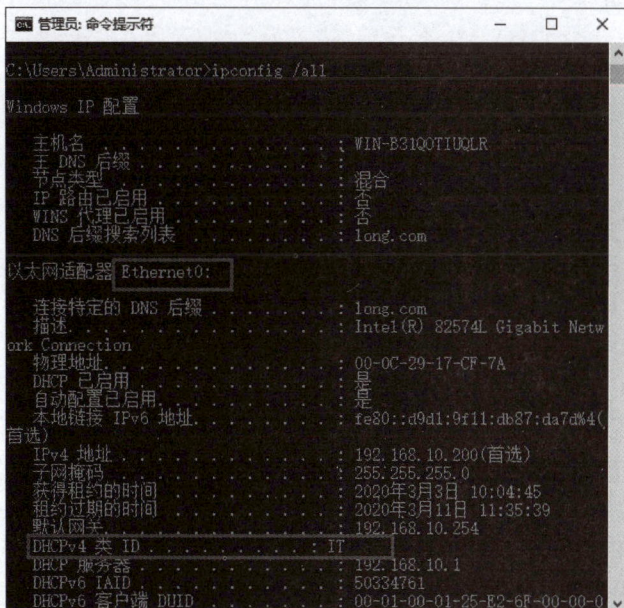

图 5-24 客户端设置完成

**步骤 3**　在用户类标识符为 "IT" 的客户端计算机上使用 "ipconfig /renew" 命令来向服务器租用 IP 地址或更新 IP 地址租约，此时其得到的 DNS 服务器的 IP 地址会是前面设置的 192.168.10.1，得到的 IP 地址也应处在所设的 IP 地址范围之内。在客户端计算机上使用图 5-25 所示的 "ipconfig /all" 命令来查看，可发现客户端测试成功。可在客户端计算机上使用 "ipconfig /setclassid "Ethernet0"" 命令来删除用户类标识符。

图 5-25　客户端测试成功

> **提示**　完成任务 5-5 后，可以在 DNS1 上删除 DHCP 服务器的策略并重新启动计算机。在 Client1 上使用 "ipconfig /setclassid "Ethernet0"" 命令将 DHCP 客户端的用户类标识符设置为空。

## 任务 5-6　DHCP 中继代理

### 1. 跨网络 DHCP 服务器的使用

如果 DHCP 服务器与客户端分别位于不同的网络，则由于 DHCP 报文以广播为主，而连接这两个网络的路由器不会将此广播报文转发到另外一个网络，因此限制了 DHCP 的有效使用范围。此时可采用以下方法来解决这个问题。在每一个网络内都安装一台 DHCP 服务器，它们各自对所属网络内的客户端提供服务。

● 选用符合 RFC 1542 规范的路由器。

符合 RFC 1542 规范的路由器可以将 DHCP 报文转发到不同的网络。图 5-26 所示为 DHCP 客户端 A 通过路由器转发 DHCP 报文的步骤，图中的数字就是其工作顺序。

① DHCP 客户端 A 利用广播报文（DHCP Discover）查找 DHCP 服务器。

② 路由器收到此报文后，将此广播报文转发到另一个网络。

③ 另一个网络内的 DHCP 服务器收到此报文后，直接响应一个报文（DHCP Offer）给路由器。

④ 路由器将此报文（DHCP Offer）广播给 DHCP 客户端 A。

之后由 DHCP 客户端 A 发出的 DHCP Request 报文及由 DHCP 服务器发出的 DHCP ACK 报文也都是通过路由器来转发的。

图 5-26　通过路由器转发 DHCP 报文

- 如果路由器不符合 RFC 1542 规范，则可在没有 DHCP 服务器的网络内将一台 Windows 服务器设置为 DHCP 中继代理（DHCP Relay Agent），因为它具备将 DHCP 报文直接转发给 DHCP 服务器的功能。

图 5-27 所示为客户端 A 通过 DHCP 中继代理来获取 DHCP 服务的工作步骤。

① DHCP 客户端 A 利用广播报文（DHCP Discover）查找 DHCP 服务器。

② DHCP 中继代理收到此报文后，将其直接发送给另一个网络内的 DHCP 服务器。

③ DHCP 服务器直接响应报文（DHCP Offer）给 DHCP 中继代理。

④ DHCP 中继代理将此报文（DHCP Offer）广播给 DHCP 客户端 A。

图 5-27　DHCP 中继代理的工作步骤

之后由 DHCP 客户端 A 发出的 DHCP Request 报文及由 DHCP 服务器发出的 DHCP ACK 报文也都是通过 DHCP 中继代理来转发的。

**2. 中继代理网络拓扑结构**

这里以图 5-28 所示的网络拓扑结构为例来说明如何设置 DHCP 中继代理。当 DHCP 中继代理 GW1 收到 DHCP 客户端的 DHCP 报文时，会将其转发到"网络 B"的 DHCP 服务器中。

**图 5-28　完整的 DHCP 中继代理网络拓扑结构**

　　GW1 担任 DHCP 中继代理，同时代替路由器实现网络间的路由功能。DNS1、Client1 和 GW1 的网卡 1（对应的 IP 地址为 192.168.10.254/24）的虚拟机网络连接模式使用自定义网络的"VMnet1"，Client2 和 GW1 的网卡 2（对应的 IP 地址为 192.168.20.254/24）的虚拟机网络连接模式使用自定义网络的"VMnet2"。注意，自定义网络的子网可以通过选择 VMware 菜单栏中的"编辑"→"虚拟网络编辑器"选项，在打开的"虚拟网络编辑器"对话框中进行添加，如图 5-29 所示。

**图 5-29　"虚拟网络编辑器"对话框**

配置宿主机的 VMware Network Adapter VMnet1，其 IP 地址是 192.168.10.101；VMware Network Adapter VMnet2，其 IP 地址是 192.168.20.101。

### 3. 在 DNS1 上新建两个作用域

以管理员身份登录 DNS1，打开"DHCP"窗口，新建两个作用域"DHCP10"和"DHCP20"。DHCP10 作用域要求：IP 地址范围是 192.168.10.21～192.168.10.200，默认网关是 192.168.10.254。DHCP20 作用域要求：IP 地址范围是 192.168.20.21～192.168.20.200，默认网关是 192.168.20.254。设置完成后，可以自行测试（Client1 可以成功获取 IP 地址）。

### 4. 在 GW1 上安装路由和远程访问服务

需要在 GW1 上安装远程访问角色，并通过其提供的路由和远程访问服务来设置 DHCP 中继代理。GW1 是双网卡。

**步骤 1**　打开"服务器管理器"窗口，单击"仪表板"处的"添加角色和功能"，在弹出的对话框中持续单击"下一步"按钮，直到进入图 5-30 所示的"选择服务器角色"界面，勾选"远程访问"复选框。

图 5-30　"选择服务器角色"界面

**步骤 2**　持续单击"下一步"按钮，直到进入图 5-31 所示的"选择角色服务"界面，勾选"DirectAccess 和 VPN(RAS)"复选框，单击"下一步"按钮，在新弹出的"添加角色和功能向导"对话框中单击"添加功能"→"确定"按钮。

图 5-31 "选择角色服务"界面

**步骤 3** 持续单击"下一步"按钮，直到进入"确认安装所选内容"界面，单击"安装"按钮。完成安装后，单击"关闭"按钮，重新启动计算机并登录。

**步骤 4** 在"服务器管理器"窗口中选择"工具"→"路由和远程访问"选项，打开"路由和远程访问"窗口，选中本地计算机并单击鼠标右键，在弹出的快捷菜单中选择"配置并启用路由和远程访问"选项，如图 5-32 所示。在弹出的对话框中单击"下一步"按钮。

图 5-32 选择"配置并启用路由和远程访问"选项

**步骤 5**    在图 5-33 所示的"配置"界面中选中"自定义配置"单选按钮，单击"下一步"按钮。

图 5-33    "配置"界面

**步骤 6**    在图 5-34 所示的"自定义配置"界面中勾选"LAN 路由"复选框后单击"下一步"按钮（此时若进入"无法启动路由和远程访问"警告界面，则不必理会，直接单击"确定"按钮即可）。

图 5-34    "自定义配置"界面

**步骤 7**    配置完成后，单击"启动服务"按钮。

### 5. 在 GW1 上设置中继代理

**步骤 1** 在 GW1 上打开"DHCP"窗口，展开服务器名，选择"IPv4"→"常规"选项并单击鼠标右键，在弹出的快捷菜单中选择"新增路由协议"选项，在弹出的"新路由协议"对话框中选择"DHCP Relay Agent"选项，单击"确定"按钮，如图 5-35 所示。

**图 5-35 新增路由协议**

**步骤 2** 选择"DHCP 中继代理"选项后，单击"属性"按钮，在弹出的"DHCP 中继代理 属性"对话框的"服务器地址"文本框中输入 DHCP 服务器的 IP 地址（192.168.10.1），单击"确定"按钮，如图 5-36 所示。

**图 5-36 添加 DHCP 服务器的 IP 地址**

**步骤 3**　选中"DHCP 中继代理"选项并单击鼠标右键，在弹出的快捷菜单中选择"新增接口"选项，在弹出的对话框中选择"Ethernet1"选项，单击"确定"按钮，如图 5-37 所示。当 DHCP 中继代理收到通过"Ethernet1"传输的 DHCP 数据包时，会将它转发给 DHCP 服务器。这里选择的就是图 5-28 中 IP 地址为 192.168.20.254 的网络接口（通过未被选择的网络接口发送过来的 DHCP 数据包不会被转发给 DHCP 服务器）。

图 5-37　新增接口

**注意**　Ethernet0 连接在 VMnet1 上，其 IP 地址是 192.168.10.254；Ethernet1 连接在 VMnet2 上，其 IP 地址是 192.168.20.254。

**步骤 4**　在图 5-38 所示的对话框中直接单击"确定"按钮。

• 跃点计数阈值。跃点计数阈值表示 DHCP 数据包在转发过程中最多能够经过多少个符合 RFC 1542 规范的路由器。

• 启动阈值（秒）。在 DHCP 中继代理收到 DHCP 数据包后，会等此处的时间过后再将数据包转发给远程 DHCP 服务器。如果本地与远程网络内都有 DHCP 服务器，而又希望由本地网络的 DHCP 服务器优先提供服务，则可以通过此处的设置来延迟将消息发送到远程 DHCP 服务器，因为在这段时间内，可以让同一网络中的 DHCP 服务器有机会先响应客户端的请求。

**步骤 5**　测试能否成功路由。为了测试方

图 5-38　中继 DHCP 数据包

便，将 GW1 和 DNS1 的防火墙关闭。使用 ping 命令进行测试，两台计算机间应该通信顺畅。

### 6. 在 Client2 上测试 DHCP 中继代理

将客户端 Client2 的 IP 地址设置为自动获取，在其命令提示符窗口中进行测试，如图 5-39 所示。

图 5-39　在 Client2 上测试 DHCP 中继代理成功

---

**任务 5-7**　配置超级作用域

超级作用域是运行 Windows Server 2022 的 DHCP 服务器的一种管理功能。当 DHCP 服务器中有多个作用域时，就可组成超级作用域，将它们作为单个实体来管理。超级作用域常用于多网配置。多网是指在同一物理网段上使用两个或多个 DHCP 服务器以管理分离的逻辑 IP 网络。在多网配置中，可以使用 DHCP 超级作用域来组合多个作用域，为网络中的客户机提供来自多个作用域的租约。

### 1. 超级作用域网络环境

超级作用域网络拓扑结构如图 5-40 所示。

在图 5-40 中，GW1 是网关服务器，可以由带 3 块网卡的 Windows Server 2022 充当，3 块网卡分别连接虚拟机的 VMnet1、VMnet2 和 VMnet3；DNS1 是 DHCP 服务器，作用域 1 的"003 路由器"为 192.168.10.254，作用域 2 的"003 路由器"为 192.168.20.254，作用域 3 的"003 路由器"为 192.168.30.254。

**图 5-40　超级作用域网络拓扑结构**

3 台 DHCP 客户端分别连接到虚拟机的 VMnet1、VMnet2 和 VMnet3，DHCP 客户端的 IP 地址获取方式是自动获取。

- DHCP 客户端 1 应该获取到 192.168.10.0/24 网络中的 IP 地址，网关是 192.168.10.254。
- DHCP 客户端 2 应该获取到 192.168.20.0/24 网络中的 IP 地址，网关是 192.168.20.254。
- DHCP 客户端 3 应该获取到 192.168.30.0/24 网络中的 IP 地址，网关是 192.168.30.254。

**特别说明**　如果在实训中，GW1 由 Windows Server 2022 代替，则需满足以下两个条件。
① 安装 3 块网卡，启用路由。可参考任务 5-6 中的"4. 在 GW1 上安装路由和远程访问服务"的相关内容。
② GW1 必须和 DNS1 集成到一台安装 Windows Server 2022 的计算机上。因为使用 Windows Server 2022 代替路由器无法转发 DHCP 广播报文，除非在 GW1 上部署 DHCP 中继代理。

### 2. 超级作用域设置方法

（1）在 GW1 上安装路由和远程访问服务

请读者参照任务 5-6 中的"4. 在 GW1 上安装路由和远程访问服务"的相关内容进行安装，安装完成后进行路由测试。

（2）在 DNS1 上新建超级作用域（原作用域可删除）

**步骤 1**　在"DHCP"窗口中，按要求分别新建作用域 1、作用域 2 和作用域 3。

**步骤 2**　选择"DHCP 服务器"→"IPv4"选项并单击鼠标右键，在弹出的快捷菜单中选择"新建超级作用域"选项，弹出"新建超级作用域向导"对话框。在"选择作用域"界面，可选择要加入超级作用域管理的作用域，本例中将作用域 1、作用域 2 和作用域 3 全部加入超级作用域，如图 5-41 所示。

**步骤 3**　超级作用域创建好后，会显示在"DHCP"窗口中，如图 5-42 所示。还可以将其他作用域也添加到该超级作用域中。

图 5-41　选择作用域

图 5-42　"DHCP"窗口中的超级作用域

　　DHCP 客户端向 DHCP 服务器租用 IP 地址时，DHCP 服务器会从超级作用域中的任何一个普通作用域中选择一个 IP 地址。超级作用域可以解决多网结构中的某些 DHCP 部署问题。比较典型的情况是当前活动作用域的可用地址池几乎已耗尽，而又要向网络中添加更多的计算机时，可使用另一个网络的 IP 地址范围，以扩展同一物理网段的 IP 地址空间。

> **注意**　超级作用域只是一个简单的容器，删除超级作用域时，并不会删除其中的子作用域。

　　（3）在 DHCP 客户端上进行测试

　　分别在 DHCP 客户端 1、DHCP 客户端 2 和 DHCP 客户端 3 上进行测试。

### 任务 5-8　配置和测试 DHCP 客户端

目前常用的操作系统均可作为 DHCP 客户端，本任务仅以 Windows 平台作为客户端进行介绍。

#### 1. 配置 DHCP 客户端

在 Windows 平台上配置 DHCP 客户端非常简单。在客户端 Client1 上，在"Internet 协议版本 4（TCP/IPv4）属性"对话框中选中"自动获得 IP 地址"和"自动获得 DNS 服务器地址"两个单选按钮即可。

> **提示**　由于 DHCP 客户端是在开机的时候自动获得 IP 地址的，因此并不能保证每次获得的 IP 地址是相同的。

#### 2. 测试 DHCP 客户端

在 DHCP 客户端上打开命令提示符窗口，使用 ipconfig /all 和 ping 命令对 DHCP 客户端进行测试。

#### 3. 手动释放 DHCP 客户端 IP 地址租约

在 DHCP 客户端上打开命令提示符窗口，使用 ipconfig /release 命令手动释放 DHCP 客户端 IP 地址租约。

#### 4. 手动更新 DHCP 客户端 IP 地址租约

在 DHCP 客户端上打开命令提示符窗口，使用 ipconfig /renew 命令手动更新 DHCP 客户端 IP 地址租约。

#### 5. 在 DHCP 服务器上验证租约

使用具有管理员权限的用户账户登录 DHCP 服务器，打开"DHCP"窗口。在左侧树状列表中双击 DHCP 服务器，在展开的树中双击作用域，选择"地址租用"选项，可以看到从当前 DHCP 服务器的当前作用域中租用 IP 地址的租约，如图 5-43 所示。

图 5-43　IP 地址租约

#### 6. 客户端的备用设置

如果客户端因故无法向 DHCP 服务器租用到 IP 地址，则客户端会每隔 5 分钟自动去找

DHCP 服务器租用 IP 地址。在未租用到 IP 地址之前，客户端可以暂时使用其他 IP 地址，此 IP 地址可以通过图 5-44 所示的"备用配置"选项卡进行设置。

图 5-44 "备用配置"选项卡

● 自动专用 IP 地址。这是默认值，当客户端无法从 DHCP 服务器租用到 IP 地址时，它会自动使用 169.254.0.0/16 格式的自动专用 IP 地址。

● 用户配置。客户端会自动使用此处的 IP 地址与设置值。它特别适用于客户端计算机需要在不同网络中使用的场合。例如，客户端为笔记本电脑，在公司使用时，它是向 DHCP 服务器租用 IP 地址的；但在家庭中使用时，如果家里没有 DHCP 服务器，它无法租用到 IP 地址，就自动使用此处设置的 IP 地址。

### 任务 5-9  部署复杂网络的 DHCP 服务器

根据网络的规模，可在网络中安装一个或多个 DHCP 服务器。对于较复杂的网络，主要涉及以下几种情况：在单物理子网中配置多个 DHCP 服务器、多宿主 DHCP 服务器和跨网段的 DHCP 中继代理。

#### 1. 在单物理子网中配置多个 DHCP 服务器

在一些比较重要的网络中，通常单物理子网中需要配置多个 DHCP 服务器。这样做有两大好处：一是提供容错功能，如果一个 DHCP 服务器出现故障或不可用，则另一个 DHCP 服务器可以取代它，并继续提供租用新的 IP 地址或续租现有 IP 地址的服务；二是负载均衡，起到在网络中平衡 DHCP 服务器负载的作用。

为了平衡 DHCP 服务器的使用，较好的方法是使用 80/20 规则划分两个 DHCP 服务器之间的作用域地址。例如，将 DHCP1 配置为可使用大多数地址（约为 IP 地址数的 80%），则 DHCP2 可以配置为使客户端使用其他地址（约为 IP 地址数的 20%）。图 5-45 所示为 80/20 规则的典型应用示例。

角色：默认网关
主机名：GW1
IP地址：192.168.10.254/24

角色：主DHCP服务器、域控制器
描述：约包含IP地址数的80%
主机名：DHCP1
IP地址：192.168.10.1/24
操作系统：Windows Server 2022
作用域：192.168.10.51/24~192.168.10.250/24
排除地址：192.168.10.211/24~192.168.10.250/24

角色：辅助CHCP服务器
描述：约包含IP地址数的20%
主机名：DHCP2
IP地址：192.168.10.2/24
操作系统：Windows Server 2022
作用域：192.168.10.51/24~192.168.10.250/24
排除地址：192.168.10.51/24~192.168.10.210/24

角色：DHCP客户端

图 5-45　80/20 规则的典型应用示例

**注意**　要实现图 5-45 所示的目标，可以利用 DHCP 拆分作用域配置向导来帮助自动在辅助服务器中建立作用域，并自动将主、辅助两个 DHCP 服务器的 IP 地址分配率设置好。由于篇幅限制，对该内容感兴趣的读者请自行参考相关书籍进行学习。

### 2. 多宿主 DHCP 服务器

多宿主 DHCP 服务器是指一个 DHCP 服务器为多个独立的网段提供服务，其中每个网络连接都必须连入独立的物理网络。这种情况要求在计算机中使用额外的硬件，典型的情况是安装多块网卡。

例如，某个 DHCP 服务器连接了两个网络，网卡 1 的 IP 地址为 192.168.10.100，网卡 2 的 IP 地址为 192.168.20.100，在服务器中创建两个作用域，一个作用域面向的网络为 192.168.10.0，另一个作用域面向的网络为 192.168.20.0。这样，当与网卡 1 位于同一网段的 DHCP 客户端访问 DHCP 服务器时，将从与网卡 1 对应的作用域中获取 IP 地址；同样，与网卡 2 位于同一网段的 DHCP 客户端也将获得相应的 IP 地址。

**提示**　跨网段的 DHCP 中继代理的相关内容，请联系编者获取电子资料，在此不详细讲解。

### 任务 5-10　维护 DHCP 数据库

DHCP 服务器的数据库文件中存储着 DHCP 的配置数据，如 IP 地址作用域、出租地址、保留地址与选项设置等，系统默认将数据库文件存储在%Systemroot%\System32\dhcp 文件夹中，如图 5-46 所示，%Systemroot%是指系统根目录，本例中是 C：\Windows。其中，最主要的是数据库文件 dhcp. mdb，其他是辅助文件。请勿随意更改或删除这些文件，否则 DHCP 服务器可能无法正常运行。

图 5-46　DHCP 数据库

> **注意** 可以选中 DHCP 服务器并单击鼠标右键，在弹出的快捷菜单中选择"内容"→"数据库路径"选项来变更存储数据库的文件夹。

### 1. 数据库的备份

可以对 DHCP 数据库进行备份，以便数据库有问题时利用备份来进行修复。

● 自动备份。DHCP 服务默认每隔 60 分钟自动将 DHCP 数据库文件备份到%Systemroot%\System32\dhcp\backup\new 文件夹中。如果要更改此间隔时间，则可修改 BackupInterval 注册表的设置值，它位于以下路径内。

```
HKEY_LOCAL_MACHINE\SYSTEM\CurrentControlSet\Services\DHCPServer\Parameters
```

● 手动备份。可以选中 DHCP 服务器并单击鼠标右键，在弹出的快捷菜单中选择"备份"选项来手动将 DHCP 数据库文件备份到指定文件夹中，系统默认将其备份到%Systemroot%\System32\dhcp\backup\new 文件夹中。

> **注意** 可以通过选中 DHCP 服务器并单击鼠标右键，在弹出的快捷菜单中选择"属性"→"备份路径"选项的方法来更改备份的默认路径。

### 2. 数据库的还原

数据库的还原有以下两种方式。

● 自动还原。如果 DHCP 服务检查到数据库已损坏，则会自动修复数据库。它利用存储在%Systemroot%\System32\dhcp\backup\new 文件夹中的备份文件来还原数据库。DHCP 服务启动时，会自动检查数据库是否损坏。

● 手动还原。可以选中 DHCP 服务器并单击鼠标右键，在弹出的快捷菜单中选择"还原"选项来手动还原 DHCP 数据库。

特别说明，即使数据库没有损坏，也可以要求 DHCP 服务在启动时修复数据库（将备份的数据库文件复制到 DHCP 文件夹中）。方法是先将位于以下路径的注册表值 RestoreFlag 设置为 1，再重新启动 DHCP 服务。

```
HKEY_LOCAL_MACHINE\SYSTEM\CurrentControlSet\Services\DHCPServer\Parameters
```

### 3. 作用域的协调

DHCP 服务器会将作用域内的 IP 地址租用详细信息存储在 DHCP 数据库中，同时将摘要信息存储到注册表中。如果 DHCP 数据库与注册表出现不一致的情况，例如，IP 地址 192.168.10.120 已经租用给客户端 A，在 DHCP 数据库与注册表中也都记载了此租用信息，但后来 DHCP 数据库因故损坏。而在利用备份数据库（旧的数据库）来还原数据库后，虽然注册表中记载着 IP 地址 192.168.10.120 已租用给客户端 A，但是还原的 DHCP 数据库中并没有此记录，此时可以执行协调（Reconcile）操作，使系统根据注册表的内容更新 DHCP 数据库，之后即可在"DHCP"窗口中看到这条租用数据记录。

要协调某个作用域时，请进行如下操作：选中作用域并单击鼠标右键，在弹出的快捷菜单中选择"协调"选项，如图 5-47 所示，单击"验证"按钮来协调此作用域；或选中"IPv4"选项并单击鼠标右键，在弹出的快捷菜单中选择"协调所有的作用域"选项，单击"验证"按钮来协调此服务器内的所有 IPv4 作用域。

图 5-47　协调作用域

### 4. 将 DHCP 数据库移动到其他服务器中

当需要将现有的一台使用 Windows Server 网络操作系统的 DHCP 服务器删除，改由另外一台使用 Windows Server 网络操作系统的 DHCP 服务器来提供 DHCP 服务时，可以通过以下步骤将原先存储在旧 DHCP 服务器中的数据库移动到新 DHCP 服务器中。

**步骤1** 在旧 DHCP 服务器上打开"DHCP"窗口，选中"DHCP"选项并单击鼠标右键，在弹出的快捷菜单中选择"备份"选项来备份 DHCP 数据库。假设备份到 C:\DHCP-Backup 文件夹中，其中包含 new 子文件夹。

**步骤2** 选中"DHCP"选项并单击鼠标右键，在弹出的快捷菜单中选择"所有任务"→"停止"选项或使用"net stop dhcpserver"命令将 DHCP 服务停止。此步骤可防止 DHCP 服务器继续租用 IP 地址给 DHCP 客户端。

**步骤3** 选择"开始"→"Windows 管理工具"→"服务"选项，双击"DHCP Server"选项，在启动类型处选择"禁用"选项。此步骤可避免 DHCP 服务器被重新启动。

**步骤4** 将步骤1备份的数据库文件复制到新的 DHCP 服务器中，假设复制到 C:\DHCPBackup 文件夹中，其中包含 new 子文件夹。

**步骤5** 如果新 DHCP 服务器尚未安装 DHCP 服务器角色，则可打开"服务器管理器"窗口，单击"仪表板"处的"添加角色和功能"进行安装。

**步骤6** 新 DHCP 服务器中的 DHCPBackup 文件夹需要赋予 NETWORK SERVICE 用户组"修改"的 NTFS 权限。选中新 DHCP 服务器中的 DHCPBackup 文件夹并单击鼠标右键，在弹出的快捷菜单中选择"属性"选项，在"DHCPBackup 属性"对话框中选择"安全"选项卡，单击"编辑"按钮，在弹出的"DHCPBackup 的权限"对话框中添加"NETWORK SERVICE"用户组，并勾选允许"修改"复选框，单击"应用"→"确定"按钮，如图 5-48 所示。

图 5-48　设置"DHCPBackup"文件夹的 NTFS 权限

**步骤 7**　在新 DHCP 服务器上打开"DHCP"窗口，选中"DHCP"选项并单击鼠标右键，在弹出的快捷菜单中选择"还原"选项，将 DHCP 数据库还原，并选择从旧 DHCP 服务器复制过来的文件。

注意，请选择 C:\DHCPBackup 文件夹，而不是 C:\DHCPBackup\new 文件夹。

### 任务 5-11　监视 DHCP 服务器的运行

收集、查看与分析 DHCP 服务器的相关信息，可以帮助我们了解 DHCP 服务器的工作情况，找出效能瓶颈、问题所在，以作为改善的参考。

#### 1. 服务器的统计信息

可以查看整个服务器或某个作用域的统计信息。首先，启用 DHCP 统计信息的自动更新功能，选择"IPv4"选项，单击其上方的"属性"按钮，在弹出的"IPv4 属性"对话框中勾选"自动更新统计信息的时间间隔"复选框，设定自动更新间隔时间，如图 5-49 所示，单击"确定"按钮。

图 5-49　自动更新统计信息的时间间隔

如果要查看整个 DHCP 服务器的统计信息，则可以在图 5-50 所示的窗口中选中"IPv4"选项并单击鼠标右键，在弹出的快捷菜单中选择"显示统计信息"选项。

- 开始时间：DHCP 服务的启动时间。
- 正常运行时间：DHCP 服务已经持续运行的时间。
- 发现数：已收到的 DHCP Discover 数据包数量。
- 提供数：已发出的 DHCP Offer 数据包数量。
- 延迟提供：被延迟发出的 DHCP Offer 数据包数量。
- 请求数：已收到的 DHCP Request 数据包数量。
- 回答数：已发出的 DHCP ACK 数据包数量。

**图 5-50  查看整个 DHCP 服务器的统计信息**

- 未回答数：已发出的 DHCP NACK 数据包数量。
- 拒绝数：已收到的 DHCP Decline 数据包数量。
- 释放数：已收到的 DHCP Release 数据包数量。
- 作用域总计：DHCP 服务器中现有的作用域数量。
- 配置了延迟的范围：DHCP 服务器内设置了延迟响应客户端请求的作用域数量。
- 地址总计：DHCP 服务器可提供给客户端的 IP 地址总数。
- 使用中：DHCP 服务器中已租用的 IP 地址总数。
- 可用：DHCP 服务器中尚未租用的 IP 地址总数。

如果要查看某个作用域的统计信息，则可选中作用域并单击鼠标右键，在弹出的快捷菜单中选择"显示统计信息"选项。

### 2. DHCP 审核日志

DHCP 审核日志中记录着与 DHCP 服务有关的事件，如服务的启动与停止时间，服务器是否已被授权，IP 地址的租用、更新、释放、拒绝等信息。

系统默认已启用审核日志功能，如果要更改设置，则可选中"IPv4"选项并单击鼠标右键，在弹出的快捷菜单中选择"属性"选项，在"IPv4 属性"对话框中勾选或取消勾选"启用 DHCP 审核记录"复选框，如图 5-49 所示。日志文件默认是被存储到 %Systemroot%\System32\dhcp 文件夹中的，其文件格式为 DhcpV6SrvLog-day. log，其中，day 为星期一到星期日的英文缩写。例如，星期六的文件名为 DhcpV6SrvLog-Sat. log，其内容如图 5-51 所示。

如果要更改日志文件的存储位置，则可选中"IPv4"选项并单击鼠标右键，在弹出的快捷菜单中选择"属性"选项，弹出"IPv4 属性"对话框，通过"高级"选项卡中的"审核日志文件路径"来进行设置，如图 5-52 所示。

图 5-51    审核日志文件内容

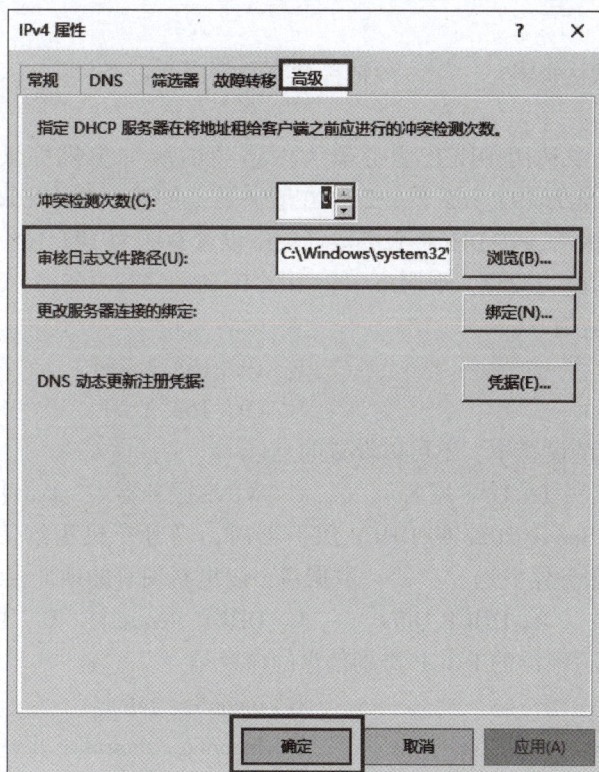

图 5-52    更改日志文件的存储位置

### 5.4 习　题

**一、填空题**

1. DHCP 在工作过程中会使用到_____、_____、_____和_____4 种报文。

2. 如果 Windows 操作系统的 DHCP 客户端无法获得 IP 地址，则它将自动从微软保留 IP 地址段_____中选择一个作为自己的地址。

3. 在 Windows Server 2022 的 DHCP 服务器中，根据不同的应用范围划分的不同级别的 DHCP 选项包括_____、_____、_____和_____。

4. 在 Windows Server 2022 环境中，查看 IP 地址配置应使用_____命令，释放 IP 地址应使用_____命令，续订 IP 地址应使用_____命令。

5. 在域环境中，_____服务器能够被授权，_____服务器不能被授权。

6. 通过策略为特定的客户端计算机分配不同的 IP 地址与选项时，可以通过 DHCP 客户端发送的_____和_____来区分客户端计算机。

7. 当 DHCP 服务器上有多个作用域时，可组成_____，将它们作为单个实体来管理。

8. 为了平衡 DHCP 服务器的使用，较好的方法是使用_____规则划分两个 DHCP 服务器之间的作用域地址。

9. DHCP 服务器系统默认将数据库文件存储在_____文件夹内，其中最主要的是数据库文件_____。

10. DHCP 服务默认每隔_____分钟自动将数据库文件备份到_____文件夹内。

**二、选择题**

1. 在一个局域网中利用 DHCP 服务器为网络中的所有主机提供动态 IP 地址分配，DHCP 服务器的 IP 地址为 192.168.2.1/24，在服务器上创建一个作用域 192.168.2.11/24~192.168.2.200/24 并激活。在 DHCP 服务器选项中设置 003 为 192.168.2.254，在作用域选项中设置 003 为 192.168.2.253，则网络中租用到 IP 地址 192.168.2.20 的 DHCP 客户端所获得的默认网关地址应为（　　）。

A. 192.168.2.1　　　　　　　　　　B. 192.168.2.254

C. 192.168.2.253　　　　　　　　　D. 192.168.2.20

2. 在 DHCP 选项的设置中，不可以设置的是（　　）。

A. DNS 服务器　　B. DNS 域名　　　C. WINS 服务器　　D. 计算机名

3. 使用 Windows Server 2022 的 DHCP 服务器时，当客户机租约使用时间超过租约的 50% 时，客户机会向服务器发送（　　）数据包，以更新现有的地址租约。

A. DHCP Discover　B. DHCP Offer　　C. DHCP Request　D. DHCP NACK

4. 用来显示网络适配器的 DHCP 类别信息的命令是（　　）。

A. ipconfig /all　　　　　　　　　　B. ipconfig /release

C. ipconfig /renew　　　　　　　　　D. ipconfig /showclassid

**三、简答题**

1. 动态 IP 地址方案有什么优点和缺点？简述 DHCP 服务器的工作过程。

2. 如何配置 DHCP 作用域选项？如何备份与还原 DHCP 数据库？

### 四、案例分析

1. 某企业用户反映，将计算机从人事部搬到财务部后，就不能连接到 Internet 了。这是什么原因？应该怎么处理？

2. 某学校因为计算机数量增加，需要在 DHCP 服务器上添加一个新的作用域，但用户反映客户端计算机并不能从服务器获得新的作用域中的 IP 地址。出现这个问题的原因可能是什么？如何处理？

## 5.5  项目实训   配置与管理 DHCP 服务器

### 一、实训目的

- 掌握 DHCP 服务器的配置方法。
- 掌握 DHCP 用户类的配置方法。
- 掌握测试 DHCP 服务器的方法。

### 二、项目环境

本项目实训根据图 5-2 所示的环境来部署 DHCP 服务。

### 三、项目要求

① 将 DHCP 服务器的 IP 地址池设为 192.168.20.10/24～192.168.20.200/24。

② 将 IP 地址 192.168.20.104/24 预留给需要手动指定 TCP/IP 参数的服务器。

③ 将 IP 地址 192.168.20.100 用作保留地址。

④ 增加一台客户端 Client2，同时，使 Client1 与 Client2 自动获取的默认网关和 DNS 服务器地址不同。

⑤ 完成任务 5-7。注意，GW1 和 DNS1 可以用一台 Windows Server 2022 来代替。

### 四、做一做

独立完成项目实训，检查学习效果。

# 项目 6

# 配置与管理 Web 服务器

目前，大部分公司有自己的网站，可以用来实现信息发布、资料查询、数据处理、网络办公、远程教育和视频点播等功能，还可以用来提供电子邮件服务。搭建网站要靠 Web 服务来实现，而在中小型网络中使用最多的网络操作系统是 Windows Server，因此，微软公司的 IIS 提供的 Web 服务和 FTP 服务也成为使用非常广泛的服务。

## 学习要点

- 学会安装 Web 服务器角色。
- 学会创建 Web 站点。
- 学会管理 Web 站点的目录。
- 学会架设多个 Web 站点。

项目 6　配置与管理
Web 服务器

## 素质要点

- 在全球浮点运算性能最强的 500 台超级计算机中，中国部署的超级计算机数量多年领先。这是中国崛起的重要见证。
- "三更灯火五更鸡，正是男儿读书时。黑发不知勤学早，白首方悔读书迟。" 祖国的发展日新月异，我们拿什么报效祖国？唯有勤奋学习，惜时如金，才无愧盛世年华。

## 6.1　项目基础知识

互联网信息服务（Internet Information Services，IIS）提供了基本服务，包括发布信息、传输文件、支持用户通信和更新这些服务所依赖的数据存储等。

6-1 微课
WWW 与 FTP 服务器

### 1. 万维网发布服务

通过将客户端 HTTP 请求连接到在 IIS 中运行的网站上，万维网（World Wide Web，WWW，后文简称 Web）发布服务向 IIS 最终用户提供 Web 发布。Web 服务管理着 IIS 的核心组件，这些组件处理 HTTP 请求并配置和管理 Web 应用程序。

### 2. FTP 服务

通过 FTP 服务，IIS 提供对管理和处理文件的完全支持。该服务使用 TCP，从而确保了文件传输的完成和数据传输的准确性。该版本的 FTP 支持在站点级别上隔离用户，以帮助管理员保护其 Internet 站点的安全并使之商业化。

### 3. SMTP 服务

通过 SMTP 服务，IIS 能够发送和接收电子邮件。例如，为确认用户提交表格成功，可以对服务器编程，以自动发送电子邮件来响应事件。也可以使用 SMTP 服务接收来自网站用户的反馈消息。SMTP 不支持完整的电子邮件服务，要提供完整的电子邮件服务，可使用 Microsoft Exchange Server。

### 4. 网络新闻传送协议服务

可以使用网络新闻传送协议（Network News Transfer Protocol，NNTP）服务主控单个计算机中的 NNTP 本地讨论组。因为该功能完全符合 NNTP，所以用户可以使用任何新闻客户端程序加入新闻组进行讨论。

### 5. 管理服务

管理服务管理着 IIS 配置数据库，并为 Web 服务、FTP 服务、SMTP 服务和 NNTP 服务更新 Windows 操作系统注册表。配置数据库用来保存 IIS 的各种配置参数。管理服务对其他应用程序公开配置数据库，这些应用程序包括 IIS 核心组件、在 IIS 上建立的应用程序，以及独立于 IIS 的第三方应用程序（如管理或监视工具）。

## 6.2　项目设计与准备

在架设 Web 服务器之前，读者需要了解本项目实例的部署需求和实训环境。

### 1. 部署需求

在部署 Web 服务前需做以下准备工作。

- 设置 Web 服务器的 TCP/IP 属性，手动指定 IP 地址、子网掩码、默认网关和 DNS 服务器的 IP 地址等。
- 部署域环境，域名为 long60. cn。

### 2. 部署环境

本项目所有实例都部署在一个域环境下，域名为 long60. cn。其中，Web 服务器主机名为 DNS1，其本身也是域控制器和 DNS 服务器，IP 地址为 192. 168. 10. 1/24；两台 Web 客户端主机，分别命名为 WIN10-1 和 WIN10-2，客户端主机安装 Windows 10 操作系统，IP 地址分别为 192. 168. 10. 210/24 和 192. 168. 10. 220/24。架设 Web 服务器的网络拓扑结构如图 6-1 所示。

角色：域控制器、DNS服务器、Web客户端
主机名：DNS1
IP地址：192.168.10.1/24
　　　　192.168.10.5/24
操作系统：Windows Server 2022

角色：Web客户端
主机名：WIN10-2
IP地址：192.168.10.220/24
DNS：192.168.10.1
操作系统：Windows 10

角色：Web客户端
主机名：WIN10-1
IP地址：192.168.10.210/24
DNS：192.168.10.1
操作系统：Windows 10

**图 6-1　架设 Web 服务器的网络拓扑结构**

## 6.3　项目实施

### 任务 6-1　安装 Web 服务器（IIS）角色

在 DNS1 上的"服务器管理器"窗口中安装 Web 服务器（IIS）角色，具体步骤如下。

**步骤 1**　选择"开始"→"Windows 管理工具"→"服务器管理器"→"仪表板"→"添加角色和功能"选项，在弹出的对话框中持续单击"下一步"按钮，直到进入图 6-2 所示的"选择服务器角色"界面，勾选"Web 服务器(IIS)"复选框。

图 6-2　"选择服务器角色"界面

**步骤 2**　持续单击"下一步"按钮，在"选择角色服务"界面中勾选"安全性"和"常见 HTTP 功能"复选框，取消勾选"HTTP 重定向"和"WebDAV 发布"复选框，同时勾选"FTP 服务器"复选框，如图 6-3 所示。

> **提示**　如果在前面安装某些角色时安装了某些功能和部分 Web 角色，则界面将稍有不同，此时请注意勾选"安全性""常见 HTTP 功能""FTP 服务器"复选框。

图 6-3 "选择角色服务"界面

**步骤 3** 持续单击"下一步"按钮,直到显示"安装"按钮。单击"安装"按钮,开始安装 Web 服务器。安装完成后,进入"安装结果"界面,单击"关闭"按钮完成安装。

> **提示** 在此勾选了"FTP 服务器"复选框,在安装 Web 服务器的同时安装了 FTP 服务器。建议将"角色服务"的全部选项都安装上,特别是身份验证方式。如果"角色服务"安装不完全,则后面做有关"网站安全"的实训时,会有部分功能无法使用。

安装完 IIS 以后,还应对该 Web 服务器进行测试,以检测网站是否正确安装并运行。在局域网中的一台计算机(本例为 WIN10-1)上打开浏览器,并使用以下两种地址格式进行测试。

● DNS 域名地址(延续前面的 DNS 设置):http://DNS1.long60.cn/。

● IP 地址:http://192.168.10.1/。

如果 IIS 安装成功,则会在 IE 浏览器中显示图 6-4 所示的网页。如果没有显示该网页,则检查 IIS 是否出现问题或重新启动 IIS 服务,也可以删除 IIS 并重新进行安装。

图 6-4 IIS 安装成功的网页

创建 Web 站点

在 Web 服务器上创建一个 Web 站点，使用户在客户端计算机上能通过 IP 地址和域名进行访问。

### 1. 创建使用 IP 地址访问的 Web 站点

创建使用 IP 地址访问的 Web 站点的具体步骤如下。

（1）停止默认网站（Default Web Site）

以域管理员账户登录 Web 服务器，选择"开始"→"Windows 管理工具"→"Internet Information Services(IIS)管理器"选项，打开"Internet Information Services(IIS)管理器"窗口。在左侧树状列表中依次展开服务器和"网站"选项，选中"Default Web Site"选项并单击鼠标右键，在弹出的快捷菜单中选择"管理网站"→"停止"选项，即可停止正在运行的默认网站，如图6-5所示。设置完成后，默认网站的状态显示为"停止"。

图 6-5 停止默认网站

（2）准备 Web 站点内容

在 C 盘中创建文件夹 Web 作为网站的主目录，并在该文件夹中存放网页文件 index.htm 作为网站的主页文件，网站主页文件可以用记事本或 Dreamweaver 软件编写。

（3）创建 Web 站点

**步骤1** 在"Internet Information Services(IIS)管理器"窗口中展开服务器选项，选中"网站"选项并单击鼠标右键，在弹出的快捷菜单中选择"添加网站"选项，弹出"添加网站"对话框。在该对话框中可以指定网站名称、应用程序池、物理路径、传递身份验证、类型、IP 地址、端口、主机名等。在此设置网站名称为"Test Web"，物理路径为"C:\Web"，类型为"http"，IP 地址为"192.168.10.1"，端口为"80"，如图6-6所示，单击"确定"按钮，完成 Web 站点的创建。

图 6-6　设置网站信息

**步骤 2**　返回"Internet Information Services(IIS)管理器"窗口，可以看到刚才创建的网站已经启动，如图 6-7 所示。

图 6-7　"Internet Information Services(IIS)管理器"窗口

**步骤 3**　在 WIN10-1 上打开浏览器，在其地址栏中输入"http://192.168.10.1"并按 Enter 键，就可以访问刚才创建的网站了。

**特别注意**　在图6-7所示的窗口中双击"默认文档"选项，打开"默认文档"窗格，可以对默认文档进行添加、删除及更改顺序等操作，如图6-8所示。

图6-8　设置默认文档

默认文档是指在Web浏览器中输入Web站点的IP地址或域名即进入的Web页面，也就是通常所说的主页（Home Page）。IIS 10默认文档的文件名有5种，分别为Default. htm、Default. asp、index. htm、index. html和iisstart. htm。这也是一般网站中常用的主页的文件名。如果Web站点无法找到这5个文件中的任何一个，那么将在Web浏览器上显示"该页无法显示"的提示。默认文档既可以是一个，又可以是多个。当设置多个默认文档时，IIS将按照排列的前后顺序依次调用这些文档。当第一个文档存在时，将直接把它显示在用户的浏览器上，而不再调用后面的文档；当第一个文档不存在时，将第二个文档显示给用户，依此类推。

**思考与实践**　由于本例主页的文件名为index. htm，所以在客户端直接输入IP地址即可浏览网站。如果网站主页的文件名不在列出的5个默认文档中，则该如何处理？请读者试着做一下。

### 2. 创建使用域名访问的Web站点

创建使用域名www. long60. cn访问的Web站点，具体步骤如下。

**步骤1**　在DNS1上打开"DNS管理器"窗口，依次展开服务器和"正向查找区域"选项。

**步骤2**　选中"long60. cn"选项并单击鼠标右键，在弹出的快捷菜单中选择"新建别名（CNAME）"选项，弹出"新建资源记录"对话框。在"别名(如果为空则使用父域)"文本框中输入"www"，在"目标主机的完全合格的域名(FQDN)"文本框中输入"DNS1. long60. cn"，或者单击"浏览"按钮，查找DNS1的FQDN并将其选中。

**步骤3**　单击"确定"按钮，别名创建完成。

**步骤 4**　在 WIN10-1 上打开浏览器，在其地址栏中输入"http://www.long60.cn"并按 Enter 键，就可以访问刚才创建的网站了。

> **注意**　保证 WIN10-1 的 DNS 服务器的 IP 地址是 192.168.10.1。

## 任务 6-3　管理 Web 站点的目录

在 Web 站点中，Web 内容文件都会保存在一个或多个目录树下，包括 HTML 内容文件、Web 应用程序和数据库等，有的甚至会保存在多个计算机上的多个目录中。因此，为了使其他目录中的内容和信息也能够通过 Web 站点发布，可通过创建虚拟目录来实现。当然，也可以在物理目录下直接创建目录来管理内容。

### 1. 虚拟目录与物理目录

在 Internet 上浏览网页时，经常会看到一个网站下有许多子目录，这就是虚拟目录。虚拟目录只是一个文件夹，并不一定位于主目录中，但在浏览 Web 站点的用户看来，其就像位于主目录中一样。

对于任何一个网站，都需要使用目录来保存文件，即将所有的网页及相关文件都存放到网站的主目录之下，也就是在主目录之下建立文件夹，并将文件放到这些文件夹中，这些文件夹也称为物理目录。也可以将文件保存到其他物理文件夹中，如本地计算机或其他计算机中，并通过虚拟目录映射到这个文件夹，每个虚拟目录都有一个别名。虚拟目录的好处是在不需要改变别名的情况下，可以随时改变其对应的文件夹。

在 Web 站点中，默认发布主目录中的内容。但如果要发布其他物理目录中的内容，就需要创建虚拟目录。虚拟目录也就是网站的子目录，每个网站都可能会有多个子目录，不同子目录的内容也不同，在磁盘中会用不同的文件夹来存放不同的文件。例如，使用 BBS 文件夹存放论坛程序，使用 image 文件夹存放网站图片等。

### 2. 创建虚拟目录

在 www.long60.cn 对应的网站上创建一个名为 BBS 的虚拟目录，其路径为本地磁盘中的"C:\MY_BBS"文件夹，该文件夹下有一个文件 index.htm。具体创建过程如下。

**步骤 1**　以域管理员账户登录 DNS1。在 IIS 管理器中展开左侧的"网站"选项，选中要创建虚拟目录的网站"Test Web"并单击鼠标右键，在弹出的快捷菜单中选择"添加虚拟目录"选项，弹出"添加虚拟目录"对话框。利用该对话框便可为该虚拟网站创建不同的虚拟目录。

**步骤 2**　在"别名"文本框中设置该虚拟目录的别名，本例为"BBS"，用户用该别名来连接虚拟目录。该别名必须唯一，不能与其他网站或虚拟目录重名。在"物理路径"文本框中输入该虚拟目录的文件夹路径，或单击"浏览"按钮选择路径，本例为"C:\MY_BBS"。这里既可以使用本地计算机上的路径，又可以使用网络中的文件夹路径。设置完成后的界面如图 6-9 所示，单击"确定"按钮。

**步骤 3**　在 WIN10-1 上打开浏览器，在其地址栏中输入"http://www.long60.cn/BBS"并按 Enter 键，就可以访问 C:\MY_BBS 中的默认网站了。

图 6-9　设置完成后的界面

## 任务 6-4　架设多个 Web 站点

使用 IIS 10.0 的虚拟主机技术，通过分配 TCP 端口、IP 地址和主机头名，可以在一台服务器上建立多个虚拟 Web 站点。每个网站都具有唯一的，由端口号、IP 地址和主机头名 3 部分组成的网站标识，用来接收来自客户端的请求。不同的 Web 站点可以提供不同的 Web 服务，且每一台虚拟主机和一台独立的主机完全一样。这种方式适用于企业或组织需要创建多个网站的情况，可以节省成本。

架设多个 Web 站点可以使用以下 3 种方式。

① 使用不同端口号架设多个 Web 站点。

② 使用不同主机头名架设多个 Web 站点。

③ 使用不同 IP 地址架设多个 Web 站点。

在创建一个 Web 站点时，要根据企业本身现有的条件，如投资的多少、IP 地址的多少、网站性能的要求等，选择不同的架设技术。

### 1. 使用不同端口号架设多个 Web 站点

利用一个 IP 地址，使用不同的端口号也可以达到架设多个网站的目的。

其实，用户访问所有的网站都需要使用相应的 TCP 端口。但 Web 服务器默认的 TCP 端口为 80，在用户访问时不需要输入；但如果网站的 TCP 端口不为 80，则在输入网址时，必须添加端口号。利用 Web 服务的这个特点，可以架设多个网站，每个网站均使用不同的端口号。使用这种方式创建的网站，其域名或 IP 地址部分完全相同，仅端口号不同。用户在使用网址访问网站时，必须添加相应的端口号。

在同一台 Web 服务器上使用同一个 IP 地址、两个不同的端口号（80、8080）创建两个网站，具体步骤如下。

（1）创建第 2 个 Web 站点

**步骤 1**　以域管理员账户登录到 Web 服务器 DNS1 上。

**步骤 2**　在"Internet Information Services(IIS)管理器"窗口中创建第 2 个 Web 站点，网站名称为"Web8080"，物理路径为"C：\Web2"，IP 地址为"192.168.10.1"，端口为"8080"，如图 6-10 所示。

图 6-10　新建网站

（2）在客户端上访问两个网站

在 WIN10-1 上打开 IE 浏览器，分别在其地址栏中输入"http：//192.168.10.1"和"http://192.168.10.1:8080"并按 Enter 键，这时会发现打开了两个不同的网站 Test Web 和 Web8080。

> **提示**　如果在访问第 2 个 Web 站点时出现不能访问的情况，则检查防火墙，最好将全部防火墙（包括域的防火墙）关闭。后面类似问题不再说明。在本例中也可以使用防火墙设置中的高级设置定义入站规则为允许 8080 端口通过。

**2. 使用不同主机头名架设多个 Web 站点**

使用 www.long60.cn 访问第 1 个 Web 站点 Test Web，使用 www1.long60.cn 访问第 2 个 Web 站点 Web8080，具体步骤如下。

（1）在区域 long60.cn 上创建 CNAME 记录

**步骤 1**　以域管理员账户登录到 Web 服务器 DNS1 上。

**步骤 2**　打开"DNS 管理器"窗口，依次展开服务器和"正向查找区域"选项。

**步骤 3**　创建 CNAME 记录。选中"long60.cn"区域并单击鼠标右键，在弹出的快捷菜单中选择"新建别名（CNAME）"选项，弹出"新建资源记录"对话框。在"别名（如果为空,则使用父域)"文本框中输入"www1",在"目标主机的完全合格的域名(FQDN)"文本框中输入"DNS1. long60. cn"。

**步骤 4** 单击"确定"按钮,别名创建完成,DNS 配置结果如图 6-11 所示。

**图 6-11  DNS 配置结果**

（2）设置 Web 站点的主机名

**步骤 1** 以域管理员账户登录到 Web 服务器 DSN1 上,选中第 1 个 Web 站点"Test Web"并单击鼠标右键,在弹出的快捷菜单中选择"编辑绑定"选项,在弹出的对话框中选中"192. 168. 10. 1"地址行,单击"编辑"按钮,弹出"编辑网站绑定"对话框,在"主机名"文本框中输入"www. long60. cn",将 IP 地址设为"192. 168. 10. 1",端口设为"80",如图 6-12 所示,单击"确定"按钮即可。

**图 6-12  设置第 1 个 Web 站点的主机名**

**步骤 2** 选中第 2 个 Web 站点"Web8080"并单击鼠标右键,在弹出的快捷菜单中选择"编辑绑定"选项，在弹出的对话框中选中"192.168.10.1"地址行，单击"编辑"按钮，弹出"编辑网站绑定"对话框，在"主机名"文本框中输入"www1.long60.cn"，将 IP 地址设为"192.168.10.1"，端口设为"80"，如图 6-13 所示，单击"确定"按钮即可。

图 6-13　设置第 2 个 Web 站点的主机名

（3）在客户端上访问两个网站

在 WIN10-1 上，保证首选 DNS 服务器的 IP 地址是 192.168.10.1。打开 IE 浏览器，分别在其地址栏中输入"http://www.long60.cn"和"http://www1.long60.cn"并按 Enter 键，此时会发现打开了两个不同的网站 Test Web 和 Web8080。

### 3. 使用不同 IP 地址架设多个 Web 站点

如果要在一台 Web 服务器上创建多个网站，则为了使每个网站域名都能对应于独立的 IP 地址，一般使用多个 IP 地址来实现。这种方案称为 IP 虚拟主机技术，也是比较传统的解决方案。当然，为了使用户在浏览器中可使用不同的域名来访问不同的 Web 站点，必须将主机名及其对应的 IP 地址添加到 DNS 中。如果使用此方法在 Internet 上维护多个网站，则需要通过 InterNIC 注册域名。

要使用多个 IP 地址架设多个网站，首先需要在一台服务器上绑定多个 IP 地址。而 Windows Server 网络操作系统支持在一台服务器上安装多块网卡，一块网卡可以绑定多个 IP 地址，再将这些 IP 地址分配给不同的虚拟网站，就可以达到一台服务器利用多个 IP 地址来架设多个 Web 站点的目的。例如，要在一台服务器上创建 Linux.long60.cn 和 Windows.long60.cn 两个网站，其对应的 IP 地址分别为 192.168.10.1 和 192.168.10.5，需要在服务器中添加这两个地址，具体步骤如下。

（1）在 DNS1 上添加第 2 个 IP 地址

**步骤 1** 以域管理员账户登录到 Web 服务器 DSN1 上，选中桌面右下方的网络连接图标并单击鼠标右键，在弹出的快捷菜单中选择"打开网络和共享中心"选项，打开"网络和共享中心"窗口。

**步骤 2** 单击"本地连接"按钮，弹出"本地连接状态"对话框。

**步骤 3** 单击"属性"按钮，弹出"本地连接属性"对话框。Windows Server 2022 中包含 IPv6 和 IPv4 两个版本的 Internet 协议，且默认都已启用。

**步骤 4** 在"此连接使用下列项目"列表框中选择"Internet 协议版本 4（TCP/IPv4）"选项，单击"属性"按钮，弹出"Internet 协议版本 4（TCP/IPv4）属性"对话框。单击"高级"按钮，弹出"高级 TCP/IP 设置"对话框。

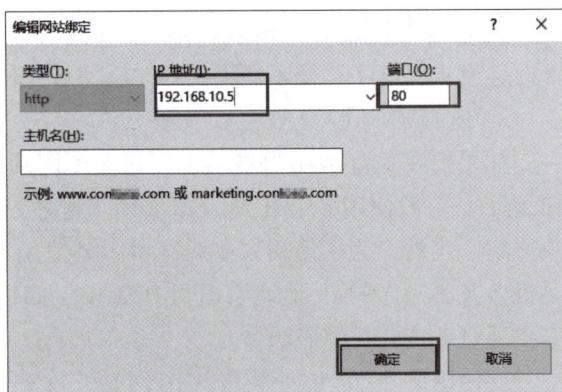

**步骤 5** 单击"添加"按钮，输入 IP 地址为"192.168.10.5"、子网掩码为"255.255.255.0"，单击"确定"按钮，完成设置，如图 6-14 所示。

（2）更改第 2 个网站的 IP 地址和端口号

以域管理员账户登录到 Web 服务器 DSN1 上。选中第 2 个 Web 站点"Web8080"并单击鼠标右键，在弹出的快捷菜单中选择"编辑绑定"选项，在弹出的对话框中选中"192.168.10.1"地址行，单击"编辑"按钮，弹出"编辑网站绑定"对话框，清空"主机名"文本框中原有的内容，将 IP 地址设为"192.168.10.5"，端口设为"80"，如图 6-15 所示，单击"确定"按钮即可。

图 6-14 "高级 TCP/IP 设置"对话框    图 6-15 "编辑网站绑定"对话框

（3）在客户端上进行测试

在 WIN10-1 上打开 IE 浏览器，分别在地址栏中输入"http://192.168.10.1"和"http://192.168.10.5"并按 Enter 键，此时会发现打开了两个不同的网站 Test Web 和 Web8080。

## 6.4　习　题

**一、填空题**

1. Windows Server 2022 系列的 IIS 在_____、_____或_____上提供了集成、可靠、可伸缩、安全和可管理的 Web 服务器功能，是为动态网络应用程序创建强大的通信平台的工具。

2. Web 中的目录分为两种类型：_____和_____。

**二、简答题**

1. 简述架设多个 Web 站点的方法。

2. IIS 10.0 提供的服务有哪些？

3. 什么是虚拟主机？

## 6.5　项目实训　配置与管理 Web 服务器

**一、实训目的**

掌握 Web 服务器的配置方法。

**二、项目环境**

本项目实训根据图 6-1 所示的环境来部署 Web 服务器。

**三、项目要求**

根据图 6-1，完成如下任务。

① 安装 Web 服务器。

② 创建 Web 站点。

③ 管理 Web 站点的目录。

④ 架设多个 Web 站点。

**四、做一做**

根据项目实训视频进行项目的实训，检查学习效果。

# 项目 7

# 配置与管理 FTP 服务器

FTP 是用来在两台计算机之间传输文件的通信协议，其中一台是 FTP 服务器，另一台是 FTP 客户端。FTP 客户端可以从 FTP 服务器上下载文件，也可以将文件上传到 FTP 服务器中。配置与管理 FTP 服务器是网络技术人员必须具备的专业技能。

## 学习要点

- 了解 FTP 概述。
- 掌握安装 FTP 服务器的方法。
- 掌握创建虚拟目录的方法。
- 创建虚拟主机。
- 在域环境下隔离 FTP 服务器用户。

项目 7　配置与管理
FTP 服务器

## 素质要点

- "龙芯"是中国人的骄傲。大学生应为"龙芯""863""973""核高基"等国家重大项目自豪。
- "人无刚骨，安身不牢。"骨气是人的"脊梁"，是前行的支柱。新时代的大学生要有"富贵不能淫，贫贱不能移，威武不能屈"的气节，要有"自信人生二百年，会当水击三千里"的勇气，还要有"我将无我，不负人民"的担当。

## 7.1　项目基础知识

以 HTTP 为基础的 Web 服务功能虽然强大，但对于文件传输来说略显不足。一种专门用于文件传输的服务——FTP 服务应运而生。

FTP 服务就是文件传输服务，它具备更强的文件传输可靠性和更高的效率。

7-1 微课
FTP 服务

### 7.1.1　FTP 的工作原理

FTP 大大简化了文件传输的复杂性，它能够使文件通过网络从一台计算机传送到另一台计算机中，却不受计算机和操作系统类型的限制。无论是个人计算机、服务器、大型计算机等，还是 iOS、Linux、Windows 等操作系统，只要双方都支持 FTP，就可以方便、可靠地传输文件。

FTP 服务的具体工作过程如图 7-1 所示。

① FTP 客户端向 FTP 服务器发出连接请求，同时 FTP 客户端系统动态地打开一个大于 1024 的端口（如 1031 端口）等候 FTP 服务器连接。

② 若 FTP 服务器在端口 21 监听到该请求，则会在 FTP 客户端的 1031 端口和 FTP 服务器的 21 端口之间建立一个 FTP 会话连接。

③ 当需要传输数据时，FTP 客户端再动态地打开一个大于 1024 的端口（如 1032 端口）连接到 FTP 服务器的 20 端口，并在这两个端口之间传输数据。当数据传输完毕时，这两个端口（1032 端口和 20 端口）会自动关闭。

④ FTP 客户端的 1031 端口和 FTP 服务器的 21 端口之间的会话连接继续保持，等待接收其他客户进程发起的请求。

⑤ 当 FTP 客户端断开与 FTP 服务器的连接时，FTP 客户端上动态分配的端口将自动释放。

图 7-1  FTP 服务的具体工作过程

## 7.1.2  匿名用户

FTP 服务不同于 Web 服务，它要求先登录服务器，再传输文件，这对很多公开提供软件下载的服务器来说十分不便，于是匿名用户访问就诞生了。通过使用一个共同的用户名 anonymous、密码不限的管理策略（一般使用用户的邮箱作为密码即可），任何用户都可以很方便地从这些服务器上下载软件。

## 7.2　项目设计与准备

在架设 FTP 服务器之前，需要了解本项目实例的部署需求和实训环境。

### 1. 部署需求

在部署 FTP 服务器前，需做以下准备工作。

- 设置 FTP 服务器的 TCP/IP 属性，手动指定 IP 地址、子网掩码、默认网关和 DNS 服务器的 IP 地址等。
- 部署域环境，域名为 long60. cn。

### 2. 部署环境

本项目所有实例都部署在一个域环境下，域名为 long60. cn。其中，FTP 服务器主机名为 DNS1，其本身也是域控制器和 DNS 服务器，IP 地址为 192.168.10.1/24 和 192.168.10.5/24；两台 FTP 客户端主机，分别命名为 WIN10-1 和 WIN10-2，客户端主机安装 Windows 10 操作系统，IP 地址分别为 192.168.10.30/24 和 192.168.10.40/24。架设 FTP 服务器的网络拓扑结构如图 7-2 所示。

角色：域控制器、DNS服务器、FTP服务器
主机名：DNS1
IP地址：192.168.10.1/24
　　　　192.168.10.5/24
操作系统：Windows Server 2022

角色：FTP客户端
主机名：WIN10-2
IP地址：192.168.10.40/24
DNS：192.168.10.1
操作系统：Windows 10

角色：FTP客户端
主机名：WIN10-1
IP地址：192.168.10.30/24
DNS：192.168.10.1
操作系统：Windows 10

图 7-2　架设 FTP 服务器的网络拓扑结构

## 7.3　项目实施

### 任务 7-1　创建和访问 FTP 站点

在 DNS1 的"服务器管理器"窗口中安装 Web 服务器（IIS）角色，同时安装 FTP 服务器。

在 FTP 服务器中创建一个新网站 Test FTP，使用户在客户端计算机上能通过 IP 地址和域名进行访问。

#### 1. 创建使用 IP 地址访问的 FTP 站点

创建使用 IP 地址访问的 FTP 站点的具体步骤如下。

（1）准备 FTP 主目录

在 C 盘中创建文件夹 ftp 作为 FTP 主目录，并在该文件夹中存放一个文件 test.txt，供用户在客户端计算机上下载和上传测试。

（2）创建 FTP 站点

**步骤 1**　在"Internet Information Services（IIS）管理器"窗口中，选中服务器 DNS1 并单击鼠标右键，在弹出的快捷菜单中选择"添加 FTP 站点"选项，如图 7-3 所示。

图 7-3　"添加 FTP 站点"选项

**步骤 2**　在弹出的"添加 FTP 站点"对话框的"FTP 站点名称"文本框中输入"Test FTP"，物理路径设为"C:\FTP"，单击"下一步"按钮，如图 7-4 所示。

**步骤 3**　在图 7-5 所示的"绑定和 SSL 设置"界面的"IP 地址"文本框中输入"192.168.10.1"，端口设为"21"，在"SSL"中选中"无 SSL"单选按钮，单击"下一步"按钮。

**步骤 4**　在图 7-6 所示的"身份验证和授权信息"界面中进行相应设置。本例允许匿名访问，也允许特定用户访问。单击"完成"按钮，重新启动 FTP 服务器。

**注意**　① 访问 FTP 服务器主目录的最终权限由此处的权限及用户对 FTP 主目录的 NTFS 权限共同作用，哪一个严格就采用哪一个。

② 安装完 FTP 服务器并重新启动后，防火墙会默认自动开启 FTP 服务；也可以暂时关闭防火墙，或者新建开放 21 端口的入站规则。

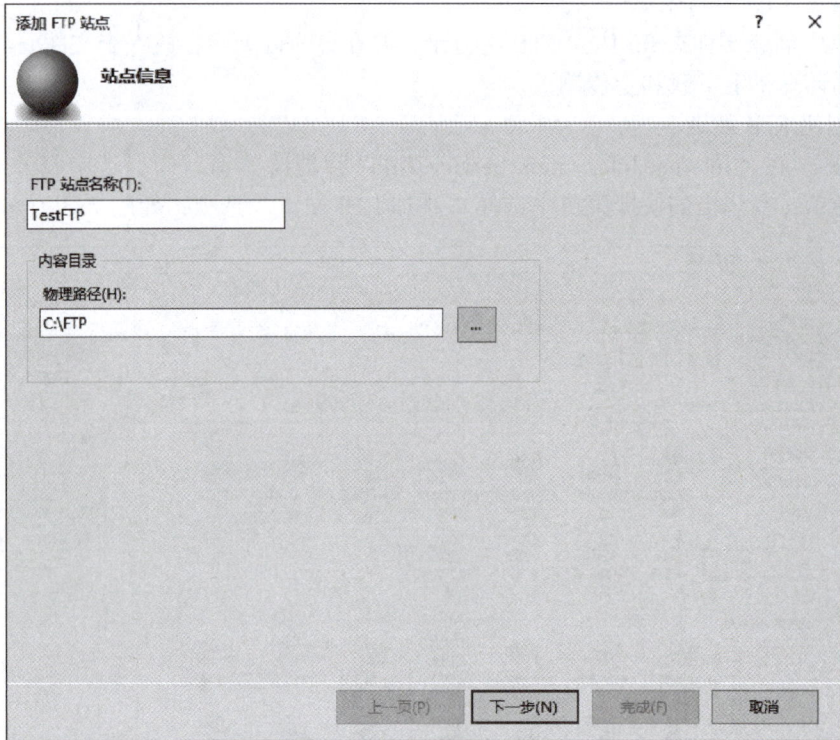

图 7-4 "添加 FTP 站点"对话框

图 7-5 "绑定和 SSL 设置"界面

**图 7-6　"身份验证和授权信息"界面**

（3）测试 FTP 站点

在 WIN10-1 上选择"开始"→"Windows 系统"→"文件资源管理器"选项，输入 "ftp://192.168.10.1"并按 Enter 键，可以访问 Test FTP 网站。在浏览器地址栏中输入 "ftp://192.168.10.1"并按 Enter 键，也可以访问 Test FTP 网站。

**2. 创建使用域名访问的 FTP 站点**

创建使用域名访问的 FTP 站点的具体步骤如下。

（1）在 DNS 区域中创建别名

**步骤 1**　以管理员账户登录到 DNS 服务器 DNS1 上，打开"DNS 管理器"窗口，在左侧的树状列表中依次展开服务器和"正向查找区域"选项，选中"long60.cn"区域并单击鼠标右键，在弹出的快捷菜单中选择"新建别名（CNAME）"选项，弹出"新建资源记录"对话框。

**步骤 2**　在"别名（如果为空则使用父域）"文本框中输入"ftp"，在"目标主机的完全合格的域名（FQDN）"文本框中输入 FTP 服务器的完全合格的域名，在此输入"DNS1.long60.cn"，如图 7-7 所示。

**步骤 3**　单击"确定"按钮，完成别名记录的创建。

（2）测试 FTP 站点

在 WIN10-1 上打开"文件资源管理器"窗口或浏览器，输入"ftp://ftp.long60.cn"并按 Enter 键，即可访问刚才建立的 FTP 站点，如图 7-8 所示。

图 7-7 新建别名记录

图 7-8 使用域名访问 FTP 站点

## 任务 7-2 创建虚拟目录

使用虚拟目录可以在服务器硬盘中创建多个物理目录，或者引用其他计算机中的主目录，从而为不同上传或下载服务的用户提供不同的目录，并为不同的目录分别设置不同的权限，如读取、写入等。使用 FTP 虚拟目录时，由于用户不知道文件的具体存储位置，所以文件存储更加安全。

在 FTP 站点上创建虚拟目录 xunimulu 的具体步骤如下。

（1）准备虚拟目录内容

以管理员账户登录到 DNS 服务器 DNS1 上，创建文件夹 C:\xuni，作为 FTP 虚拟目录的主目录，在该文件夹中存入一个文件 test1. txt 供用户在客户端计算机上下载。

（2）创建虚拟目录

**步骤 1**　在"Internet Information Services（IIS）管理器"窗口中依次展开"DNS1"和"网站"选项，选中刚才创建的站点"Test FTP"并单击鼠标右键，在弹出的快捷菜单中选择"添加虚拟目录"选项，弹出"添加虚拟目录"对话框。

**步骤 2**　在"别名"文本框中输入"xunimulu"，在"物理路径"文本框中输入"C:\xuni"，单击"确定"按钮，如图 7-9 所示。

**图 7-9　"添加虚拟目录"对话框**

（3）测试 FTP 站点的虚拟目录

在 WIN10-1 上打开"文件资源管理器"窗口或浏览器，输入"ftp://ftp. long60. cn/xunimulu"或"ftp://192. 168. 10. 1/xunimulu"并按 Enter 键，即可访问刚才建立的 FTP 站点的虚拟目录。

**特别提示**　在各种服务器的配置中，要时刻注意账户的 NTFS 权限，避免由于 NTFS 权限设置不当而无法完成相关配置，同时注意防火墙的影响。

**任务 7-3**　**安全设置 FTP 服务器**

FTP 服务的配置主要是站点的安全性设置，包括指定不同的授权用户，如允许不同权限的用户访问，允许来自不同 IP 地址的用户访问，或限制不同 IP 地址的不同用户的访问等。FTP 服务器也要设置 FTP 站点的主目录和性能等。

### 1. 设置 IP 地址和端口

**步骤 1**　在"Internet Information Services（IIS）管理器"窗口中依次展开"DNS1"和"网站"选项，选中 FTP 站点"Test FTP"，单击"操作"窗格中的"绑定"选项，弹出"添加网站绑定"对话框。选择"ftp"条目后，完成 IP 地址和端口号的更改，如将端口号改为 2121，如图 7-10 所示。

图 7-10　"添加网站绑定"对话框

**步骤 2**　测试 FTP 站点。在 WIN10-1 上打开"文件资源管理器"窗口或浏览器，输入"ftp://192.168.10.1:2121"并按 Enter 键，即可访问刚才建立的 FTP 站点。

**步骤 3**　为了继续完成后面的实训，测试完毕后，将端口号改为默认的 21。

> **提示**　如果访问不成功，则一定是防火墙的原因。参照任务 1-4 设置防火墙的方法，建立基于端口的入站规则，允许 TCP 端口 2121 通过防火墙。当然，也可以关闭 DNS1 的防火墙。

### 2. 其他配置

在"Internet Information Services（IIS）管理器"窗口中展开 FTP 服务器选项，选择 FTP 站点"Test FTP"。在"Test FTP 主页"窗格中，可以分别进行"FTP SSL 设置""FTP 当前会话""FTP 防火墙支持""FTP 目录浏览""FTP 请求筛选""FTP 日志""FTP 身份验证""FTP 授权规则""FTP 消息""FTP 用户隔离"等内容的设置或浏览，如图 7-11 所示。

图 7-11　"Test FTP 主页" 窗格

在 "操作" 窗格中，可以进行 "浏览" "编辑权限" "绑定" "基本设置" "查看应用程序" "查看虚拟目录" 等操作。

## 任务 7-4　创建虚拟主机

### 1. 虚拟主机

一个 FTP 站点是由一个 IP 地址和一个端口号唯一标识的，改变其中任意一项均会标识不同的 FTP 站点。但是在 FTP 服务器上，通过 "Internet Information Services（IIS）管理器" 窗口只能创建一个 FTP 站点。在实际应用环境中，有时需要在一台服务器中创建两个不同的 FTP 站点，这就涉及虚拟主机的问题。

对于在一台服务器中创建的两个 FTP 站点，默认只能启动其中一个站点，用户可以通过更改 IP 地址或端口号这两种方法来解决这个问题。

可以使用多个 IP 地址和多个端口号来创建多个 FTP 站点。尽管使用多个 IP 地址来创建多个站点是常见并且推荐的操作，但在默认情况下，使用 FTP 时，客户端会调用端口 21。这样情况会变得非常复杂。因此，如果要使用多个端口号来创建多个 FTP 站点，就需要将新端口号通知用户，以便其 FTP 客户端能够找到并连接到该端口。

### 2. 使用相同 IP 地址、不同端口号创建两个 FTP 站点

在同一台服务器中使用相同 IP 地址、不同端口号（21、2121）创建两个 FTP 站点，具体步骤如下。

**步骤 1**　以域管理员账户登录 FTP 服务器 DNS1，创建 C：\ftp2 文件夹作为第 2 个 FTP

站点的主目录，并在该文件夹中存放一些文件。

**步骤 2** 创建第 2 个 FTP 站点，站点的创建可参见任务 7-1 的相关内容，只是端口号要设为 2121。

**步骤 3** 测试 FTP 站点。在 WIN10-1 上打开"文件资源管理器"窗口或浏览器，输入"ftp://192.168.10.1:2121"并按 Enter 键，即可访问刚才建立的第 2 个 FTP 站点。

## 3. 使用两个不同的 IP 地址创建两个 FTP 站点

在同一台服务器中使用相同端口号、不同 IP 地址（192.168.10.1、192.168.10.5）创建两个 FTP 站点，具体步骤如下。

（1）设置 FTP 服务器网卡的两个 IP 地址

前面已在 DNS1 上设置了两个 IP 地址，即 192.168.10.1、192.168.10.5，此处不赘述。

（2）更改第 2 个 FTP 站点的 IP 地址和端口号

**步骤 1** 在"Internet Information Services(IIS)管理器"窗口中展开 FTP 服务器选项，选择 FTP 站点"FTP2"，单击"操作"窗格中的"绑定"，弹出"添加网站绑定"对话框。

**步骤 2** 选择"ftp"类型后，将 IP 地址改为"192.168.10.5"，端口改为"21"，如图 7-12 所示，单击"确定"按钮完成更改。

**图 7-12 "添加网站绑定"对话框**

**步骤 3** 选择"开始"→"Windows 系统"→"控制面板"→"系统和安全"→"Windows Defender 防火墙"→"启用或关闭 Windows Defender 防火墙"选项，关闭所有防火墙。

> **试一试** 选择"开始"→"Windows 系统"→"控制面板"→"系统和安全"→"Windows Defender防火墙"→"高级设置"选项，新建基于端口的"入站规则"，允许 TCP 2121 端口通过防火墙。

（3）测试 FTP 的第 2 个站点

在 WIN10-1 上打开浏览器，在其地址栏中输入"ftp://192.168.10.5"并按 Enter 键，即可访问刚才建立的第 2 个 FTP 站点。

> **试一试**　请读者参照任务 6-4 中的"2. 使用不同主机头名架设多个 Web 站点"的相关内容，自行完成"使用不同主机头名架设多个 FTP 站点"的实训。

## 任务 7-5　实现活动目录环境下多用户隔离 FTP

### 1. 任务需求

某公司已经搭建好域环境，业务部因业务需求，需要在服务器中存储相关业务数据，但是业务部希望各用户目录相互隔离（仅允许访问自己的目录而无法访问他人的目录），每一个业务员允许使用的 FTP 空间大小为 100 MB，公司决定通过活动目录中的 FTP 隔离来实现此应用。

建立基于域的隔离用户 FTP 站点，使用磁盘配额技术可以实现本任务。在实现本任务前，将前面所做的 FTP 站点删除或停止，以避免影响本任务。

### 2. 创建业务部组织单位及用户

以域用户身份登录到 FTP 站点时，FTP 站点需要从 Active Directory 域服务数据库中读取登录用户的 msIIS-FTPRoot 与 msIIS-FTPDir 属性，以便得知其主目录的位置。但 FTP 站点需要提供有效的用户账户和密码，才可以读取这两个属性。这里将建立一个域用户账户 sales_master，使此账户有权限读取登录用户的这两个属性，并设置让 FTP 站点通过此账户来读取登录用户的这两个属性。

**步骤 1**　在 DNS1 中新建一个名为 sales 的组织单位，在 sales 中新建用户，用户名分别为 salesuser1、salesuser2、sales_master，用户密码为 P@ssw0rd。建立账户时，取消勾选"用户下次登录时须更改密码"复选框，同时勾选"用户不能更改密码"复选框。

**步骤 2**　选中"sales"选项并单击鼠标右键，在弹出的快捷菜单中选择"委派控制"选项，单击"下一步"→"添加"按钮，添加 sales_master 用户，如图 7-13 所示；再单击"下一步"按钮，勾选"读取所有用户信息"复选框，如图 7-14 所示。

**步骤 3**　单击"下一步"→"完成"按钮。这样就委派了 sales_master 用户对"sales"组织单位有读取所有用户信息的权限（sales_master 为 FTP 的服务账户）。

### 3. FTP 服务器配置

**步骤 1**　仍使用 long60\administrator 登录 FTP 服务器 DNS1（该服务器集域控制器、DNS 服务器和 FTP 服务器于一身，在真实环境中可能需要设置单独的 FTP 服务器）。FTP 服务器角色和功能已经添加。

**步骤 2**　在 C 盘（或其他任意盘）中建立主目录 FTP_sales，在 FTP_sales 中分别建立与用户名对应的文件夹 salesuser1、salesuser2，如图 7-15 所示。为了方便测试，事先在两个文件夹中新建一些文件或文件夹。

图 7-13　设置委派控制的用户

图 7-14　委派权限

图 7-15   新建文件夹

**步骤 3**   选择"服务器管理器"→"工具"→"Internet Information Services（IIS）管理器"
选项，在弹出的对话框中选中"网站"选项并单击鼠标右键，在弹出的快捷菜单中选择
"添加 FTP 站点"选项，在弹出的"添加 FTP 站点"对话框中设置 FTP 站点名称并选择其
物理路径，如图 7-16 所示。

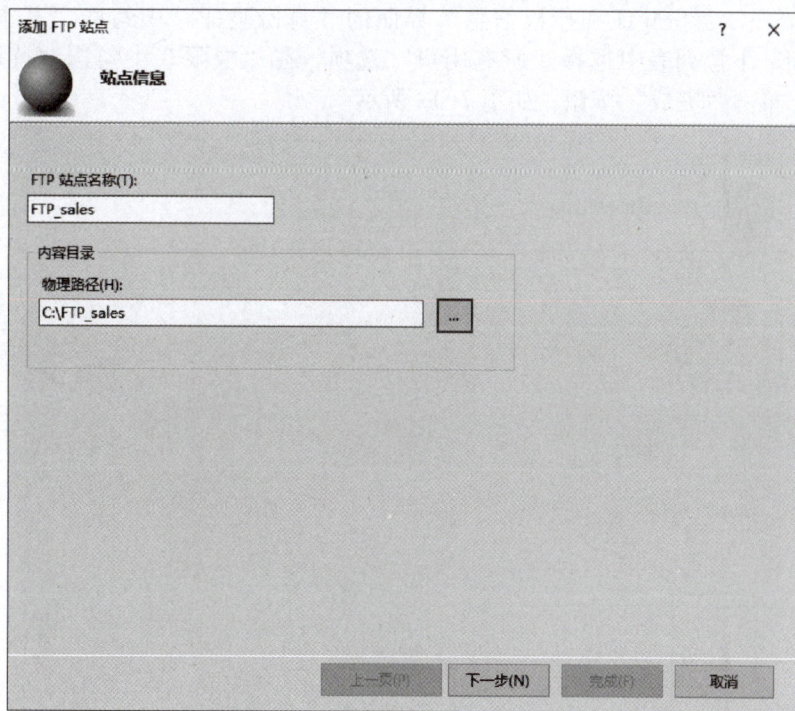

图 7-16   "添加 FTP 站点"对话框

**步骤 4**   在"绑定和 SSL 设置"界面中选择绑定的"IP 地址"，在"SSL"中选中
"无 SSL"单选按钮，如图 7-17 所示。

图 7-17 "绑定和 SSL 设置"界面

**步骤 5** 在"身份验证和授权信息"界面的"身份验证"中勾选"基本"复选框，在"允许访问"下拉列表中选择"所有用户"选项，在"权限"中勾选"读取"和"写入"复选框，单击"完成"按钮，如图 7-18 所示。

图 7-18 "身份验证和授权信息"界面

**步骤 6**　在 "Internet Information Services(IIS)管理器" 窗口的 "FTP_sales 主页" 窗格中选择 "FTP 用户隔离" 选项，如图 7-19 所示。

图 7-19　选择 "FTP 用户隔离" 选项

**步骤 7**　在 "FTP 用户隔离" 窗格中选中 "在 Active Directory 中配置的 FTP 主目录" 单选按钮，单击 "设置" 按钮，添加用户 sales_master，再单击 "应用" 按钮，如图 7-20 所示。

图 7-20　配置 FTP 用户隔离

**步骤 8**　在 DNS1 上选择 "服务器管理器"→"工具"→"ADSI 编辑器"→"操作"→"连接到" 选项，在弹出的 "连接设置" 对话框中单击 "确定" 按钮，如图 7-21 所示。

图 7-21 "连接设置"对话框

**步骤 9** 在 ADSI 编辑器的左侧树状列表中选中 sales 组织单位中的 salesuser1 用户并单击鼠标右键，在弹出的快捷菜单中选择"属性"选项，在弹出的属性对话框中找到 msIIS-FTPDir 属性，该属性用于设置用户对应的目录，将其修改为 C:\FTP_sales\salesuser1；再找到 msIIS-FTPRoot 属性，该属性用于设置用户对应的路径，将其设为 C:\FTP_sales，如图 7-22 所示。

图 7-22 修改隔离用户属性

**步骤 10**　使用同样的方式配置 salesuser2 用户。

### 4. 配置磁盘配额

在 DNS1 上打开"文件资源管理器"窗口，选中 C 盘并单击鼠标右键，在弹出的快捷菜单中选择"属性"选项，在弹出的属性对话框中选择"配额"选项卡，单击"显示配额设置"按钮，在"（C:）的配额设置"对话框中勾选"启用配额管理"和"拒绝将磁盘空间给超过配额限制的用户"复选框，并将"将磁盘空间限制为"设置为 100 MB，将"将警告等级设为"设置为 90 MB，勾选"用户超出配额限制时记录事件"和"用户超过警告等级时记录事件"复选框，依次单击"应用"→"确定"按钮，如图 7-23 所示。

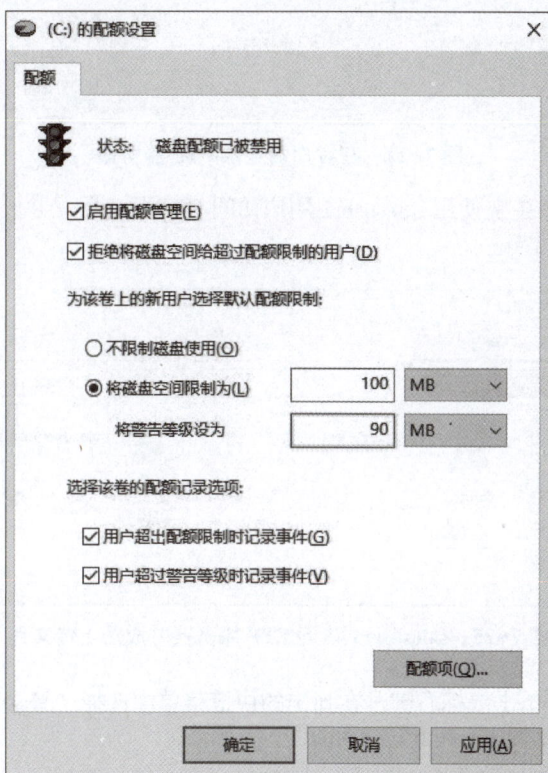

**图 7-23　启用磁盘配额**

### 5. 测试验证

**步骤 1**　在 WIN10-1 的"文件资源管理器"窗口中输入"ftp://192.168.10.1"并按 Enter 键，使用 salesuser1 用户账户和密码登录 FTP 服务器，如图 7-24 所示。

图 7-24　在客户端登录 FTP 服务器

**步骤 2**　在 WIN10-1 上使用 salesuser1 用户访问 FTP 服务器，并成功上传文件，如图 7-25 所示。

图 7-25　salesuser1 访问 FTP 服务器并成功上传文件

**步骤 3**　在空白处单击鼠标右键，在弹出的快捷菜单中选择"登录"选项，使用 salesuser2 用户访问 FTP 服务器，并成功上传文件，如图 7-26 所示。

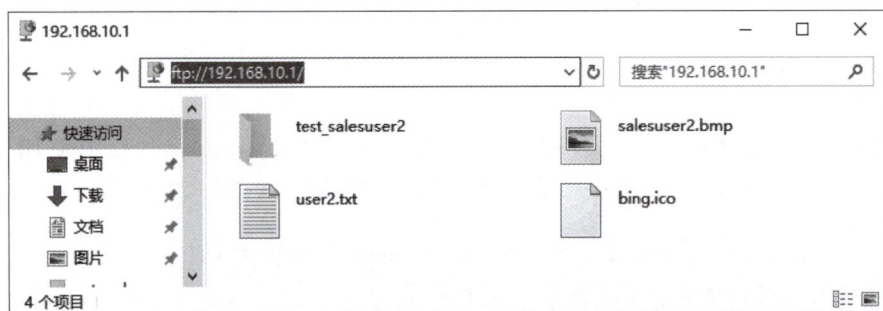

图 7-26　salesuser2 访问 FTP 服务器并成功上传文件

**步骤 4** 当 salesuser1 用户上传的文件大小超过 100 MB 时，系统会提示上传失败。例如，将大于 100 MB 的 Administrator 文件夹上传到 FTP 服务器时会上传失败，如图 7-27 所示。

图 7-27 提示上传失败

**步骤 5** 在 DNS1 上打开"文件资源管理器"窗口，选中 C 盘并单击鼠标右键，在弹出的快捷菜单中选择"属性"选项，在弹出的属性对话框中选择"配额"选项卡，单击"配额项"按钮可以查看用户使用的空间，如图 7-28 所示。

图 7-28 查看用户使用的空间

## 7.4 习题

**一、填空题**

1. FTP 服务就是_____服务，FTP 的英文全称是_____。

2. FTP 服务通过使用一个共同的用户名_____、密码不限的管理策略，让任何用户都可以很方便地从公开提供软件下载的服务器上下载软件。

3. FTP 服务有两种工作模式：_____和_____。

4. FTP 命令的格式为_____。

5. 打开 FTP 服务器的命令是_____，浏览其下目录列表的命令是_____。如果匿名登录，则在用户名（ftp.long60.cn：(none)）处输入匿名账户_____，在密码处输入_____或直接按 Enter 键，即可登录 FTP 站点。

6. 比较常用的 FTP 客户端软件有_____、_____和_____等。

7. FTP 身份验证方法有两种：_____和_____。

**二、选择题**

1. 虚拟主机技术不能通过（　　）架设网站。

A. 计算机名　　　　B. TCP 端口　　　　C. IP 地址　　　　D. 主机头名

2. 虚拟目录不具备的特点是（　　　）。

A. 便于扩展　　　　B. 增删灵活　　　　C. 易于配置　　　　D. 动态分配空间

3. FTP 服务使用的端口是（　　　）。

A. 21　　　　　　B. 23　　　　　　C. 25　　　　　　D. 53

4. 从 Internet 上获得软件通常采用（　　）服务。

A. Web　　　　　B. Telnet　　　　C. FTP　　　　　D. DNS

### 三、判断题

1. 若 Web 站点中的信息非常敏感，则为防止其中途被人截获，可采用 SSL 加密方式。
（　　　）

2. IIS 提供的基本服务包括发布信息、传输文件、支持用户通信和更新这些服务所依赖的数据存储等。（　　　）

3. 虚拟目录是一个文件夹，一定位于主目录内。（　　　）

4. 当使用"用户隔离"模式时，所有用户的主目录都在单一 FTP 主目录下，每个用户均被限制在自己的主目录中，且用户名必须与相应的主目录匹配，不允许用户浏览除自己主目录之外的其他内容。（　　　）

### 四、简答题

1. 非域用户隔离和域用户隔离的主要区别是什么？

2. 能否使用不存在的域用户进行多用户配置？

3. 磁盘配额的作用是什么？

## 7.5　项目实训　配置与管理 FTP 服务器

### 一、实训目的

- 掌握 FTP 服务器的安装方法。
- 掌握 FTP 服务器的配置方法。
- 掌握活动目录隔离用户 FTP 服务器的配置方法。

### 二、项目环境

本项目实训根据图 7-2 所示的环境来部署 FTP 服务器。

### 三、项目要求

根据图 7-2，完成如下任务。

① 安装 FTP 服务器。

② 创建和访问 FTP 站点。

③ 创建虚拟目录。

④ 安全设置 FTP 服务器。

⑤ 创建虚拟主机。

⑥ 配置与使用客户端。

⑦ 设置活动目录隔离用户 FTP 服务器，测试用户为 Jane 和 Mike。参考任务 7-5。

### 四、做一做

根据项目实训视频进行项目的实训，检查学习效果。

# 项目 8

# 配置与管理 VPN 服务器

作为网络管理员，必须熟悉有关网络安全保护的各种策略及可以采取的安全措施，这样才能合理地进行安全管理，使网络和计算机处于安全状态。

虚拟专用网络（Virtual Private Network，VPN）可以让远程用户通过 Internet 来安全地访问公司内部网络的资源。

## 学习要点

- 理解 VPN 的基本概念和基本原理。
- 理解远程访问 VPN 的构成和连接过程。
- 掌握配置并测试远程访问 VPN 的方法。
- 掌握 VPN 服务器的网络策略的配置方法。

项目 8　配置与
管理 VPN 服务器

## 素质要点

- 国产操作系统前途光明！只有瞄准核心技术，埋头攻关，助力我国软件产业从价值链中低端向高端迈进，才能为高质量发展和国家信息产业安全插上腾飞的"翅膀"。
- 广大青年一定要勇于创新创造。正所谓"苟日新，日日新，又日新"。生活总是将更多机遇留给善于创新和勇于创新的人们。青年是社会上最富活力、最具创造性的群体，理应走在创新创造的前列。

## 8.1　项目基础知识

远程访问（Remote Access）技术也称为远程接入技术，通过这种技术，可以将远程或移动的用户连接到组织内部网络中，这样远程或移动的用户可以像其计算机物理地连接到内部网络中一样工作。实现远程访问常用的技术

8-1 微课
VPN 服务器

就是 VPN 技术。目前，Internet 中的多个企业网络常常选择 VPN 技术（通过加密技术、验证技术、数据确认技术的共同应用）连接起来，这样就可以轻松地在 Internet 上建立一个专用网络，使远程用户通过 Internet 来安全地访问企业内部的网络资源。

VPN 是指在公共网络（通常为 Internet）中建立的一个虚拟的、专用的网络，是 Internet 与 Intranet（内联网）之间的专用通道，能为企业提供一个高安全性、高性能、简便、易用的环境。当远程的 VPN 客户端通过 Internet 连接到 VPN 服务器时，它们之间传送的信息会被加密，所以即使信息在 Internet 传送的过程中被拦截，也会因为信息已被加密而无法被识别，因此可以确保信息的安全性。

### 8.1.1 VPN 的构成

VPN 的构成如下。

#### 1. 远程访问 VPN 服务器

远程访问 VPN 服务器用于接收并响应 VPN 客户端的连接请求，并建立 VPN 连接。它可以是专用的 VPN 服务器，也可以是运行 VPN 服务的主机。

#### 2. VPN 客户端

VPN 客户端用于发起连接 VPN 的请求，通常为 VPN 连接组件的主机。

#### 3. 隧道协议

VPN 的实现依赖隧道协议。通过隧道协议，VPN 可以将一种协议用另一种协议或相同协议封装，同时可以提供加密、认证等安全服务。VPN 服务器和 VPN 客户端必须支持相同的隧道协议，以便建立 VPN 连接。目前常用的隧道协议有 PPTP 和 L2TP。

（1）点到点隧道协议（Point-to-Point Tunneling Protocol，PPTP）

PPTP 是点到点协议（Point-to-Point Protocol，PPP）的扩展，并协调使用 PPP 的身份验证、压缩和加密机制。PPTP 的客户端支持内置于 Windows XP 操作系统的远程访问客户端中。只有 IP 网络（如 Internet）才可以建立 PPTP 的 VPN。若两个局域网之间通过 PPTP 来连接，则两端直接连接到 Internet 的 VPN 服务器必须执行 TCP/IP，但网络内的其他计算机不一定需要支持 TCP/IP，它们可执行 TCP/IP、互联网分组交换（Internetwork Packet Exchange，IPX）或 NetBEUI 通信协议。因为当它们通过 VPN 服务器与远程计算机通信时，这些不同通信协议的数据包会被封装到 PPP 的数据包中，并经过 Internet 传送，数据包到达目的地后，再由远程的 VPN 服务器将其还原为 TCP/IP、IPX 或 NetBEUI 的数据包。PPTP 是利用微软点到点加密（Microsoft Point-to-Point Encryption，MPPE）技术来将信息加密的。PPTP 的 VPN 服务器支持内置于 Windows Server 2003 系列的成员中。PPTP 与 TCP/IP 一同安装，根据运行"路由和远程访问服务器安装向导"时所做的选择，PPTP 可以配置为 5 个或 128 个 PPTP 端口。

（2）第二层隧道协议（Layer 2 Tunneling Protocol，L2TP）

L2TP 是基于 RFC 的隧道协议，该协议是一种业内标准。L2TP 同时具有身份验证、加密与数据压缩的功能。L2TP 的验证与加密方法都是采用 IPSec。与 PPTP 类似，L2TP 也可以将 TCP/IP、IPX 或 NetBEUI 的数据包封装到 PPP 的数据包中。与 PPTP 不同的是，运行在 Windows Server 2022 服务器上的 L2TP 不利用 MPPE 来加密 PPP 的数据包。L2TP 依赖加密服务的 IPSec。L2TP 和 IPSec 的组合被称为 L2TP/IPSec。L2TP/IPSec 提供支持专用数据的封装和加密的主要 VPN 服务。VPN 客户端和 VPN 服务器必须支持 L2TP 和 IPSec。在 VPN 客户端方面，L2TP 支持 Windows 8/10 操作系统的远程访问客户端。在 VPN 服务器方面，L2TP 支持 Windows Server 系列的成员。L2TP 与 TCP/IP 一同安装，根据运行"路由和远程访问服务器安装向导"时所做的选择，L2TP 可以配置为 5 个或 128 个 L2TP 端口。

### 4. Internet 连接

VPN 服务器和客户端必须都接入 Internet，并且能够通过 Internet 进行正常的通信。

## 8.1.2　VPN 应用场合

VPN 的实现可以分为软件和硬件两种方式。Windows 服务器版的操作系统以完全基于软件的方式实现了 VPN，成本低。无论身处何地，只要能连接到 Internet，就可以与企业网在 Internet 上的 VPN 相关联，登录到内部网络浏览或交换信息。VPN 常应用于以下两种场合。

### 1. 远程客户端通过 VPN 连接到局域网

总公司网络（局域网）已经连接到 Internet，而用户通过远程拨号连接 ISP 接入 Internet 后，就可以通过 Internet 来与总公司网络（局域网）的 VPN 服务器建立 PPTP 或 L2TP 的 VPN，并通过 VPN 来安全地传送信息。

### 2. 两个局域网通过 VPN 互连

两个局域网的 VPN 服务器都连接到 Internet，并通过 Internet 建立 PPTP 或 L2TP 的 VPN，它可以让两个网络之间安全地传送信息，不用担心在 Internet 上传送时泄密。

除了使用软件方式实现外，VPN 的实现需要建立在交换机、路由器等硬件设备的基础上。目前，在 VPN 技术和产品方面，较具有代表性的公司当属华为和锐捷。

## 8.1.3　VPN 的连接过程

VPN 的连接过程如下。

① 客户端向服务器连接 Internet 的接口发送建立 VPN 连接的请求。

② 服务器接收到客户端建立 VPN 连接的请求之后，将对客户端的身份进行验证。

③ 如果身份验证未通过，则拒绝客户端的连接请求。

④ 如果身份验证通过，则允许客户端建立 VPN 连接，并为客户端分配一个内部网络的 IP 地址。

⑤ 客户端将获得的 IP 地址与 VPN 连接组件绑定，并使用该地址与内部网络进行通信。

## 8.1.4　认识网络策略

### 1. 什么是网络策略

部署网络访问保护（Network Access Protection，NAP）时，将向网络策略配置中添加健康策略，以便在授权的过程中使用网络策略服务器（Network Policy Server，NPS）执行客户端健康检查。

当处理作为远程身份认证拨号用户服务（Remote Authentication Dial-In User Service，RADIUS）服务器的连接请求时，NPS 对此连接请求既执行身份验证，又执行授权。在身份验证过程中，NPS 验证连接到网络的用户或计算机的身份。在授权过程中，NPS 决定是否允许用户或计算机访问网络。若允许，则 NPS 使用在 NPS 微软管理控制台（Microsoft Management Console，MMC）管理单元中配置的网络策略。NPS 还会检查 Active Directory 域服务中账户的拨入属性，以执行授权。

可以将网络策略视为规则。每个规则都具有一组条件和设置。NPS 将规则的条件与连接请求的属性进行对比。如果规则和连接请求之间能够匹配，则规则中定义的设置会应用于连接。

当在 NPS 中配置了多个网络策略时，它们是一组有序的规则。NPS 根据列表中的第一个规则检查每个连接请求，并根据第二个规则进行检查，依此类推，直到找到匹配项为止。

每个网络策略都有"策略状态"设置，使用该设置可以启用或禁用网络策略。如果禁用网络策略，则授权连接请求时，NPS 不评估网络策略。

### 2. 网络策略属性

每个网络策略都有以下 4 种类别的属性。

（1）概述

使用概述属性可以指定是否启用网络策略、是允许还是拒绝访问网络策略，以及连接请求是需要特定网络连接方法，还是需要网络访问服务器类型。使用概述属性还可以指定是否忽略 Active Directory 域服务中的用户账户的拨入属性，如果选择忽略，则 NPS 只使用网络策略中的设置来确定是否授权连接。

（2）条件

使用条件属性可以指定为了匹配网络策略，连接请求必须具有的条件。如果网络策略中配置的条件与连接请求匹配，则 NPS 将把网络策略中指定的设置应用于连接。例如，如果将网络访问服务器（Network Access Server，NAS）IPv4 地址指定为网络策略的条件，并且 NPS 从具有指定 IP 地址的 NAS 接收连接请求，则网络策略中的条件与连接请求相匹配。

（3）约束

约束是匹配连接请求所需的网络策略的附加属性。如果连接请求与约束不匹配，则 NPS 自动拒绝该请求。与 NPS 对网络策略中不匹配条件的响应不同，如果约束不匹配，则 NPS 不评估附加网络策略，只拒绝连接请求。

（4）设置

使用设置属性可以指定在网络策略的所有条件都匹配时，NPS 应用于连接请求的设置。

## 8.2 项目设计与准备

### 1. 项目设计

本项目的所有任务将根据图 8-1 所示的环境部署远程访问 VPN 服务器。

DNS1、DNS2、WIN10-1 可以是 VMware 的虚拟机。内部网络的连接模式是 VMnet1，外部网络的连接模式是 VMnet2。VPN 客户端与内部网络的实际应用中应该有路由通道，图 8-1 所示仅是实训时所用的网络拓扑结构，请读者注意。

### 2. 项目准备

在部署远程访问 VPN 服务器之前，应做如下准备。

① 使用提供远程访问 VPN 服务的 Windows Server 2022 网络操作系统。

② VPN 服务器 DNS1 至少要有两个网络连接模式，其对应的 IP 地址如图 8-1 所示。

③ VPN 服务器 DNS1 必须与内部网络相连，因此需要配置与内部网络连接所需的 TCP/IP 参数（私有 IP 地址），该参数可以手动指定，也可以通过内部网络中的 DHCP 服务器自动分配。本例的 DNS1 的 IP 地址为 192.168.10.1/24。

角色：网关VPN服务器
主机名：DNS1
操作系统：Windows Server 2022

Internet

角色：VPN客户端
主机名：WIN10-1
操作系统：Windows 10
IP地址：200.200.200.2/24
网络连接模式：VMnet2

内部网络IP地址：
192.168.10.1/24
网络连接模式：VMnet1

接入Internet的IP
地址：200.200.200.1/24
网络连接模式：VMnet2

内部网络

角色：内部网络服务器
主机名：DNS2
IP地址：192.168.10.2/24
默认网关：192.168.10.1
操作系统：Windows Server 2022
网络连接模式：VMnet1

**图 8-1　架设 VPN 服务器的网络拓扑结构**

④ 内部网络中的 DNS2 的 IP 地址为 192.168.10.2/24，默认网关为 192.168.10.1（必须！）。

⑤ VPN 服务器必须同时与 Internet 相连，因此，需要建立和配置与 Internet 的连接。VPN 服务器与 Internet 的连接通常采用较快的连接模式，如专线连接。本例 IP 地址为 200.200.200.1/24。

⑥ 合理规划分配给 VPN 客户端的 IP 地址。VPN 客户端在请求建立 VPN 连接时，VPN 服务器需要为其分配内部网络的 IP 地址。配置的 IP 地址也必须是内部网络中未使用的 IP 地址，地址的数量根据同时建立 VPN 连接的客户端数量来确定。在本项目中部署远程访问 VPN 服务器时，使用静态 IP 地址池为远程访问客户端分配 IP 地址，IP 地址范围为 192.168.100.100/24～192.168.100.200/24。

⑦ VPN 客户端在请求建立 VPN 连接时，服务器要对其进行身份验证，因此应合理规划需要建立 VPN 连接的用户账户。VPN 客户端的 IP 地址为 200.200.200.2/24。

## 8.3　项目实施

### 任务 8-1　架设 VPN 服务器

在架设 VPN 服务器之前，读者需要了解本任务实例的部署需求和实训环境。本任务使用 VMware 或 Hyper-V 构建虚拟环境。

#### 1. 为 VPN 服务器 DNS1 添加第二块网卡

选中"DNS1（本地）"，选择 VMware 菜单栏中的"虚拟机"→"设置"选项，在弹出的对话框中单击"添加"按钮，进入"硬件类型"界面，选择"网络适配器"选项，如图 8-2 所示，单击"完成"按钮。将网卡的网络连接模式修改为自定义中的"VMnet2（仅主机模式）"，如图 8-3 所示，单击"确定"按钮。

图 8-2　选择硬件类型

图 8-3　修改网络连接模式

### 2. 未连接到 VPN 服务器时的测试（WIN10-1）

**步骤 1**　以管理员身份登录 WIN10-1，打开 Windows PowerShell，或者在"运行"对话框中输入"cmd"并单击"确定"按钮，打开命令提示符窗口。

**步骤 2**　在 WIN10-1 上使用 ping 命令测试其与 DNS1 和 DNS2 的连通性，其测试结果如图 8-4 所示。

**图 8-4　未连接到 VPN 服务器时的测试结果**

### 3. 安装路由和远程访问角色

要配置 VPN 服务器，必须安装路由和远程访问角色。Windows Server 2022 中的路由和远程访问角色是包括在网络策略和访问服务角色中的，并且默认没有安装。用户可以根据自己的需求选择同时安装网络策略和访问服务角色中的所有服务组件或者只安装路由和远程访问角色。

路由和远程访问角色的安装步骤如下。

**步骤 1**　以管理员身份登录服务器 DNS1，打开"服务器管理器"窗口，单击"仪表板"处的"添加角色和功能"，进入图 8-5 所示的"选择服务器角色"界面，勾选"网络策略和访问服务"和"远程访问"复选框。

**步骤 2**　持续单击"下一步"按钮，直至进入"网络策略和访问服务"界面，网络策略和访问服务中包括"网络策略服务器""健康注册机构""主机凭据授权协议"角色服务，勾选"网络策略服务器"复选框。

**步骤 3**　单击"下一步"按钮，在"选择角色服务"界面的"角色服务"列表框中，将角色服务复选框全部勾选，如图 8-6 所示。

图 8-5 "选择服务器角色"界面

图 8-6 "选择角色服务"界面的"角色服务"列表框

**步骤 4** 单击"安装"按钮即可开始安装，安装完成后，务必重新启动计算机。

#### 4. 配置并启用 VPN 服务

在已经安装路由和远程访问角色的 DNS1 上通过"路由和远程访问"窗口配置并启用路由和远程访问，具体步骤如下。

（1）弹出"路由和远程访问服务器安装向导"对话框

**步骤 1**　以域管理员账户登录到需要配置 VPN 服务的 DNS1 上，选择"开始"→"Windows管理工具"→"路由和远程访问"选项，打开图 8-7 所示的"路由和远程访问"窗口。

**步骤 2**　在左侧树状列表中选中"DNS1（本地）"选项并单击鼠标右键，在弹出的快捷菜单中选择"配置并启用路由和远程访问"选项，弹出"路由和远程访问服务器安装向导"对话框。

（2）选择 VPN 连接

**步骤 1**　单击"下一步"按钮，进入"配置"界面，在该界面中配置 NAT、VPN 及路由服务，在此选中"远程访问（拨号或 VPN）"单选按钮，单击"下一步"按钮，如图 8-8 所示。

图 8-7　"路由和远程访问"窗口　　　　图 8-8　"配置"界面

**步骤 2**　在"远程访问"界面中选择创建拨号或 VPN 远程访问连接，在此勾选"VPN"复选框，单击"下一步"按钮，如图 8-9 所示。

（3）选择连接到 Internet 的网络接口

在"VPN 连接"界面中选择连接到 Internet 的网络接口，在此选择"Ethernet1"选项，单击"下一步"按钮，如图 8-10 所示。

（4）设置 IP 地址分配方式

**步骤 1**　在"IP 地址分配"界面中设置分配给 VPN 客户端的 IP 地址是从 DHCP 服务器获取还是来自一个指定的地址范围，在此选中"来自一个指定的地址范围"单选按钮，单击"下一步"按钮，如图 8-11 所示。

图 8-9 "远程访问"界面

图 8-10 "VPN 连接"界面

**步骤 2** 在"地址范围分配"界面中指定 VPN 客户端的 IP 地址范围。单击"新建"按钮，弹出"新建 IPv4 地址范围"对话框，在"起始 IP 地址"文本框中输入"192.168.100.100"，在"结束 IP 地址"文本框中输入"192.168.100.200",单击"确定"按钮,如图 8-12 所示。

图 8-11　"IP 地址分配"界面

图 8-12　输入 VPN 客户端的 IP 地址范围

**步骤 3**　返回"地址范围分配"界面,可以看到已经指定了一段 IP 地址范围。

（5）结束 VPN 配置

**步骤 1**　单击"下一步"按钮，进入"管理多个远程访问服务器"界面。在该界面中指定身份验证的方法是路由和远程访问还是 RADIUS 服务器。在此选中"否，使用路由和远程访问来对连接请求进行身份验证"单选按钮，单击"下一步"按钮，如图 8-13 所示。在"摘要"界面中显示了之前步骤设置的信息。

图 8-13　"管理多个远程访问服务器"界面

**步骤 2**　单击"完成"按钮，再单击"确定"按钮。

（6）查看 VPN 服务器的状态

**步骤 1**　完成 VPN 服务器的创建后，返回"路由和远程访问"窗口。由于目前已经启用了 VPN 服务，所以服务器图标上显示绿色向上箭头，如图 8-14 所示。

图 8-14　VPN 配置完成后的效果

**步骤 2**　在"路由和远程访问"窗口中展开服务器，选择"端口"选项，右侧窗格中显示所有端口的状态为"不活动"，如图 8-15 所示。

**图 8-15　查看端口状态**

**步骤 3**　在"路由和远程访问"窗口中展开服务器，选择"网络接口"选项，右侧窗格中显示了 VPN 服务器中的所有网络接口，如图 8-16 所示。

**图 8-16　查看网络接口**

### 5. 启动和停止 VPN 服务

要启动或停止 VPN 服务，可以使用 net 命令、"路由和远程访问"窗口或"服务"窗口，具体步骤如下。

（1）使用 net 命令

以域管理员账户登录到 VPN 服务器 DNS1，在命令提示符窗口中执行"net stop remoteaccess"命令停止 VPN 服务，执行"net start remoteaccess"命令启动 VPN 服务。

（2）使用"路由和远程访问"窗口

在"路由和远程访问"窗口中选中"DNS1（本地）"并单击鼠标右键，在弹出的快捷菜单中选择"所有任务"→"停止"或"启动"选项，即可停止或启动 VPN 服务。

VPN 服务停止以后，"路由和远程访问"窗口如图 8-7 所示，服务器图标上显示红色向下箭头。

（3）使用"服务"窗口

选择"服务器管理器"→"工具"→"服务"选项，打开"服务"窗口，选中"Routing and Remote Access"选项，单击"停止此服务"或"重启动此服务"链接即可停止或启动 VPN 服务，如图 8-17 所示。

图 8-17　使用"服务"窗口停止或启动 VPN 服务

## 6. 配置域用户账户允许 VPN 连接

在域控制器 DNS1 上设置允许用户"Administrator@ long60. cn"使用 VPN 连接到 VPN 服务器，具体步骤如下。

图 8-18　"Administrator 属性"对话框

**步骤1**　以域管理员账户登录到域控制器 DNS1，打开"Active Directory 用户和计算机"窗口。依次展开"long60. cn"和"Users"选项，选中"Administrator"选项并单击鼠标右键，在弹出的快捷菜单中选择"属性"选项，弹出"Administrator 属性"对话框。

**步骤2**　在"Administrator 属性"对话框中选择"拨入"选项卡，在"网络访问权限"中选中"允许访问"单选按钮，单击"确定"按钮，如图 8-18 所示。

### 7. 在 VPN 客户端建立并测试 VPN 连接

在 VPN 客户端计算机 WIN10-1 上建立 VPN 连接并连接到 VPN 服务器，具体步骤如下。

（1）在 VPN 客户端计算机上建立 VPN 连接

**步骤1**　以本地管理员账户登录到 VPN 客户端计算机 WIN10-1，选择"开始"→"Windows 系统"→"控制面板"→"网络和 Internet"→"网络和共享中心"选项，打开图 8-19 所示的"网络和共享中心"窗口，单击"设置新的连接或网络"。

图 8-19　"网络和共享中心"窗口

**步骤 2**　在"设置连接或网络"窗口中建立连接，以连接到 Internet 或专用网络。在此选择"连接到工作区"选项，单击"下一步"按钮，如图 8-20 所示。

图 8-20　建立连接

**步骤 3**　在"连接到工作区"窗口的"你希望如何连接？"界面中指定是使用 Internet 还是拨号方式连接到 VPN 服务器。在此选择"使用我的 Internet 连接（VPN）"选项，如图 8-21 所示。

图 8-21    指定连接方式

**步骤 4**    在"你想在继续之前设置 Internet 连接吗？"界面中设置 Internet 连接。由于本例的 VPN 服务器和 VPN 客户端是直接连接在一起的，所以选择"我将稍后设置 Internet 连接"选项，如图 8-22 所示。

图 8-22    设置 Internet 连接

**步骤 5**　在"键入要连接的 Internet 地址"界面的"Internet 地址"文本框中输入 VPN 服务器外部网卡的 IP 地址"200.200.200.1",并设置目标名称为"VPN 连接",单击"创建"按钮,如图 8-23 所示,创建 VPN 连接。

图 8-23　输入要连接的 Internet 地址

(2) 连接到 VPN 服务器

**步骤 1**　选中"开始"菜单并单击鼠标右键,在弹出的快捷菜单中选择"网络连接"选项,打开"设置"窗口,选择"VPN"选项,单击"VPN 连接"→"连接"按钮,如图 8-24 所示,弹出图 8-25 所示的"Windows 安全中心"对话框。在该对话框中输入允许 VPN 连接的账户和密码,单击"确定"按钮,在此使用账户 long60\administrator 建立连接。

图 8-24　设置 VPN 连接

图 8-25 "Windows 安全中心"对话框

**步骤 2** 经过身份验证后，即可连接到 VPN 服务器，此时，在"设置"窗口中可以看到"VPN 连接"的状态是"已连接"，其效果如图 8-26 所示。

图 8-26 已经连接到 VPN 服务器的效果

### 8. 验证 VPN 连接

当 VPN 客户端计算机 WIN10-1 连接到 VPN 服务器 DNS1 之后，即可访问公司内部局域网中的共享资源，具体步骤如下。

（1）查看 VPN 客户端获取到的 IP 地址信息

**步骤 1** 在 VPN 客户端计算机 WIN10-1 上，打开 Windows PowerShell 或者命令提示符窗口，使用"ipconfig /all"命令查看 IP 地址信息，如图 8-27 所示，可以看到 VPN 连接获得的 IP 地址为"192.168.100.101。

**步骤 2** 先后使用"ping 192.168.10.1"和"ping 192.168.10.2"命令测试 VPN 客户端计算机和 VPN 服务器，以及内网计算机的连通性，但此时使用"ping 200.200.200.1"命令是不成功的，如图 8-28 所示。

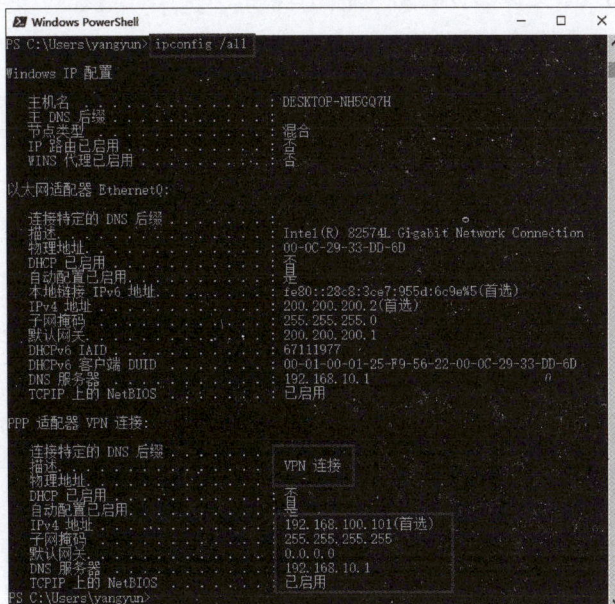

图 8-27　查看 VPN 客户端获取到的 IP 地址信息

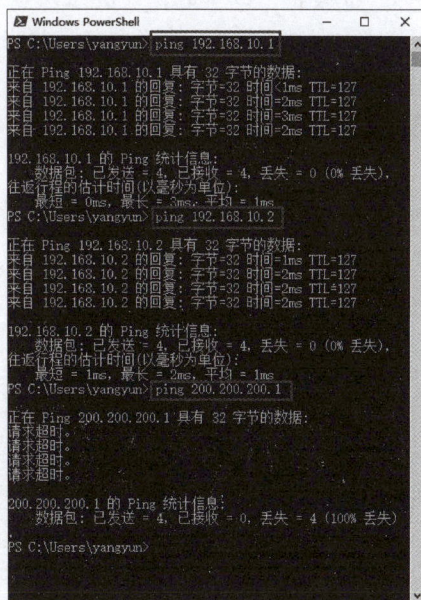

图 8-28　测试 VPN 连接

（2）在 VPN 服务器上进行验证

**步骤 1**　以域管理员账户登录到 VPN 服务器，在"路由和远程访问"窗口中展开服务器，选择"远程访问客户端(1)"选项，右侧窗格中将显示连接时间及连接的账户，这表明已经有一个客户端建立了 VPN 连接，如图 8-29 所示。

图 8-29　查看远程访问客户端

**步骤 2**　选择"端口"选项，在右侧窗格中可以看到其中一个端口的状态是"活动"，表明有客户端连接到 VPN 服务器。

**步骤 3**　双击该活动端口，弹出"端口状态"对话框。该对话框中显示了连接时间、用户，以及分配给 VPN 客户端计算机的 IP 地址，如图 8-30 所示。

（3）访问内部局域网的共享文件

**步骤 1**　以管理员账户登录到内部网络服务器 DNS2，在"文件资源管理器"窗口中创建文件夹"C:\share"作为测试目录，向该文件夹存入一些文件，并将该文件夹共享给"特定用户"，如 administrator。

**步骤 2** 以本地管理员账户登录到 VPN 客户端计算机 WIN10-1 上，选中"开始"菜单并单击鼠标右键，在弹出的快捷菜单中选择"运行"选项，在打开的"运行"对话框中输入内部网络服务器 DNS2 上共享文件夹的 UNC 路径"\\192.168.10.2"，单击"确定"按钮。

**步骤 3** 因为已经连接到 VPN 服务器上，所以可以访问内部局域网中的共享资源，但需要输入网络凭据。在"输入网络凭据"界面中单击"使用其他账户"，并输入 DNS2 的管理员账户和密码，不要输入错误，本例账户名应为"DNS2\administrator"，如图 8-31 所示。单击"确定"按钮后，即可访问 DNS2 中的共享资源。

图 8-30 VPN 活动端口状态 　　　　图 8-31 "输入网络凭据"界面

（4）断开 VPN 连接

**步骤 1** 在 VPN 客户端计算机 WIN10-1 上单击"断开"按钮，断开客户端计算机的 VPN 连接。

**步骤 2** 以域管理员账户登录到 VPN 服务器 DNS1，在"路由和远程访问"窗口中依次展开服务器和"远程访问客户端(1)"选项，在右侧窗格中选中连接的远程客户端并单击鼠标右键，在弹出的快捷菜单中选择"断开"选项，即可断开客户端计算机的 VPN 连接。

### 任务 8-2　配置 VPN 服务器的网络策略

在 VPN 服务器 DNS1 上创建网络策略"VPN 策略"，使用户连接 VPN 时使用该网络策略。具体步骤如下。

#### 1. 新建网络策略

**步骤 1** 以域管理员账户登录到 VPN 服务器 DNS1，选择"开始"→"Windows 管理工具"→"网络策略服务器"选项，打开图 8-32 所示的"网络策略服务器"窗口。

图 8-32　"网络策略服务器"窗口

**步骤 2**　选中"网络策略"选项并单击鼠标右键，在弹出的快捷菜单中选择"新建"选项，弹出"新建网络策略"对话框，在"指定网络策略名称和连接类型"界面中指定"策略名称"为"VPN 策略"，指定"网络访问服务器的类型"为"远程访问服务器（VPN 拨号）"，单击"下一步"按钮，如图 8-33 所示。

图 8-33　"指定网络策略名称和连接类型"界面

**2. 指定网络策略条件——日期和时间限制**

**步骤 1** 在"指定条件"界面中设置网络策略的条件，如日期和时间、用户组等。

**步骤 2** 单击"添加"按钮，弹出"选择条件"对话框。在该对话框中选择要配置的条件属性，选择"日期和时间限制"选项，单击"添加"按钮，如图 8-34 所示。该选项表示每周允许和不允许用户连接的时间和日期。

图 8-34 "选择条件"对话框

**步骤 3** 在弹出的"日期和时间限制"对话框中设置允许建立 VPN 连接的时间和日期，选中"允许"单选按钮，单击"确定"按钮，如图 8-35 所示。

图 8-35 "日期和时间限制"对话框

**步骤 4** 返回"指定条件"界面，从中可以看到已经添加了一个网络条件，单击"下一步"按钮，如图 8-36 所示。

**3. 授予远程访问权限**

在"指定访问权限"界面中指定访问权限是允许还是拒绝，在此选中"已授予访问权限"单选按钮，如图 8-37 所示，单击"下一步"按钮。

新建网络策略

## 指定条件

指定用于确定是否针对某个连接请求评估此网络策略的条件。至少需要一个条件。

条件(C)：

| 条件 | 值 |
| --- | --- |
| 日期和时间限制 | 星期一 08:00-20:00 星期二 08:00-20:00 星期三 08:00-20:00 星期四 08:00-20:0... |

条件描述：
日期和时间限制指定允许和不允许进行连接尝试的日期和时间。这些限制基于 NPS 服务器所在的时区。

添加(D)...　　编辑(E)...　　删除(R)

上一步(P)　下一步(N)　完成(F)　取消

图 8-36　"指定条件"界面

新建网络策略

## 指定访问权限

如果连接请求与此策略匹配，则配置是要授予网络访问权限还是要拒绝网络访问。

◉ 已授予访问权限(A)
如果客户端连接尝试匹配此策略的条件，则授予访问权限。

○ 拒绝访问(D)
如果客户端连接尝试匹配此策略的条件，则拒绝访问权限。

☐ 访问由用户拨入属性(它将替代 NPS 策略)所决定(S)
如果客户端连接尝试匹配此策略的条件，则根据用户拨入属性授予或拒绝访问权限。

上一步(P)　下一步(N)　完成(F)　取消

图 8-37　"指定访问权限"界面

### 4. 配置身份验证方法

在图 8-38 所示的"配置身份验证方法"界面中指定身份验证的方法和可扩展认证协议（Extensible Authentication Protocol，EAP）类型。

图 8-38 "配置身份验证方法"界面

### 5. 配置约束

单击"下一步"按钮，在图 8-39 所示的"配置约束"界面中配置网络策略的约束，如空闲超时、会话超时、被叫站 ID、日期和时间限制、NAS 端口类型等。

图 8-39 "配置约束"界面

### 6. 配置设置

单击"下一步"按钮，在图 8-40 所示的"配置设置"界面中配置此网络策略的设置，如标准、供应商特定、多链路和带宽分配协议（Bandwidth Allocation Protocol，BAP）、IP 筛选器、加密、IP 设置等。

**图 8-40 "配置设置"界面**

### 7. 完成网络策略的创建

单击"下一步"按钮，进入"正在完成新建网络策略"界面，单击"完成"按钮，即可完成网络策略的创建。

### 8. 设置用户远程访问权限

以域管理员账户登录到域控制器 DNS1，打开"Active Directory 用户和计算机"窗口，依次展开"long60.cn"和"Users"选项，选中"Administrator"选项并单击鼠标右键，在弹出的快捷菜单中选择"属性"选项，弹出"Administrator 属性"对话框。选择"拨入"选项卡，在"网络访问权限"中选中"通过 NPS 网络策略控制访问"单选按钮，如图 8-41 所示。设置完毕后单击"确定"按钮。

### 9. 测试客户端能否连接到 VPN 服务器

以本地管理员账户登录到 VPN 客户端计算机 WIN10-1，打开 VPN 连接，以用户账户"administrator@long60.cn"连接到 VPN 服务器。此时是按网络策略进行身份验证的，如果验证

**图 8-41 选中"通过 NPS 网络策略控制访问"单选按钮**

成功，则连接到 VPN 服务器。如果验证不成功，而是弹出了图 8-42 所示的错误连接提示，则单击"更改适配器选项"链接，在弹出的对话框中选择"VPN 连接"→"属性"→"安全"选项，弹出"VPN 连接属性"对话框，选中"允许使用这些协议"单选按钮，勾选"Microsoft CHAP Version 2（MS-CHAP v2）"复选框，单击"确定"按钮，如图 8-43 所示。完成后，重新启动计算机即可。

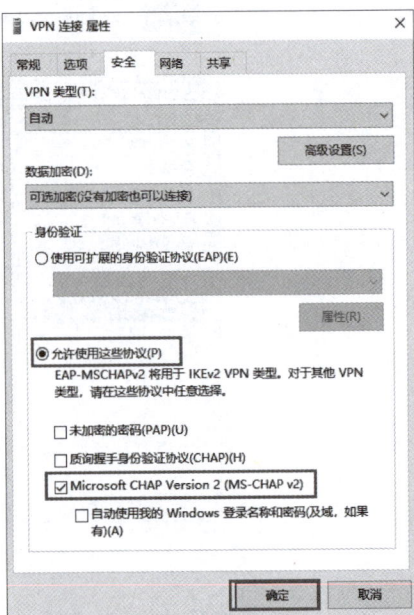

图 8-42　错误连接提示　　　　图 8-43　"VPN 连接属性"对话框

## 8.4　习　题

**一、填空题**

1. VPN 是＿＿＿＿＿的缩写，其中文全称是＿＿＿＿＿。

2. 一般来说，VPN 适用于以下两种场合：＿＿＿＿＿和＿＿＿＿＿。

3. VPN 使用的两种隧道协议是＿＿＿＿＿和＿＿＿＿＿。

4. 在 Windows Server 网络操作系统的命令提示符窗口中，可以使用＿＿＿＿＿命令查看本机的路由表信息。

5. 每个网络策略中都有以下 4 种类别的属性：＿＿＿＿＿、＿＿＿＿＿、＿＿＿＿＿和＿＿＿＿＿。

**二、简答题**

1. 什么是专用地址和公用地址？

2. 简述 VPN 的连接过程。

3. 简述 VPN 的构成及应用场合。

## 8.5 项目实训　配置与管理 VPN 服务器

**一、实训目的**

- 掌握远程访问服务的实现方法。
- 掌握 VPN 的实现方法。

**二、项目环境**

本项目实训根据图 8-1 所示的环境来部署 VPN 服务器。

**三、项目要求**

根据图 8-1，完成如下任务。

① 部署架设 VPN 服务器的环境。

② 为 VPN 服务器添加第二块网卡。

③ 安装路由和远程访问角色。

④ 配置并启用 VPN 服务。

⑤ 启动和停止 VPN 服务。

⑥ 配置域用户账户允许 VPN 连接。

⑦ 在 VPN 客户端建立并测试 VPN 连接。

⑧ 验证 VPN 连接。

⑨ 通过网络策略控制访问 VPN。

**四、做一做**

根据项目实训视频进行项目的实训，检查学习效果。

# 项目 9

## 配置与管理 NAT 服务器

　　网络地址转换器（Network Address Translator，NAT）不仅能解决 IP 地址不足的问题，还能够有效避免来自网络外部的攻击，隐藏并保护网络内部的计算机。Windows Server 2022 的 NAT 让内部网络的多台计算机只需要共享一个公用 IP 地址，就可以同时连接 Internet、浏览网页与收发电子邮件。

　　某公司的公用 IP 地址非常有限，但已经搭建好公司内部网络环境，因办公业务需求，需要连接 Internet，让公司人员能够安全访问互联网，同时互联网上的客户也可以方便地访问公司的 Web 服务器，公司决定通过架设 NAT 服务器来解决公网 IP 有限的问题。

### 学习要点

- 了解 NAT 的基本概念和基本原理。
- 了解 NAT 的工作过程。
- 掌握配置并测试 NAT 服务器的方法。
- 外部网络计算机访问内部 Web 服务器的实现方法。
- DHCP 分配器与 DNS 中继代理的相关知识。

项目9　配置与管理
NAT 服务器

### 素质要点

- 国产数据库系统前途光明。工业互联网、车联网、物联网等大规模产业和企业互联网的快速发展，为数据库创新提供了前所未有的机遇。青年学生应学习国产数据库技术，激发自立自强精神。
- 青年正处于学习的黄金时期，应该把学习作为首要任务，作为一种责任、一种精神追求、一种生活方式。要树立"梦想从学习开始，事业靠本领成就"的观念，让勤奋学习成为青春远航的动力，让增长本领成为青春搏击的能量。

## 9.1　项目基础知识

### 9.1.1　NAT 概述

NAT 位于使用专用地址的 Intranet 和使用公用地址的 Internet 之间。从 Intranet 传出的数据包由 NAT 将它们的专用地址转换为公用地址，从 Internet 传入的数据包由 NAT 将它们的公用地址转换为专用地址。这样在内部网络中，计算机使用未注册的专用 IP 地址，而在与外部网络通信时，使用注册的公用 IP 地址，大大降低了连接成本。同时，NAT 起到了将内部网络隐藏起来，以保护内部网络的作用，因为对于外部用户来说，只有使用公用 IP 地址的 NAT 才是可见的。

9-1 微课
NAT 服务器

### 9.1.2　NAT 的工作过程

NAT 的工作过程主要有以下 4 个步骤，如图 9-1 所示。

① 客户端将数据包发送给运行 NAT 的计算机。

② NAT 将数据包中的端口号和专用 IP 地址转换成它自己的端口号和公用 IP 地址，并将数据包发送给外部网络的目的主机，同时在映像表中记录跟踪信息，以便向客户端发送回答信息。

③ 外部网络发送回答信息给 NAT。

④ NAT 将收到的数据包的端口号和公用 IP 地址转换为客户端的端口号和内部网络使用的专用 IP 地址并转发给客户端。

图 9-1　NAT 的工作过程

以上步骤对于网络内部的主机和网络外部的主机都是透明的，对它们来说，就如同直接通信。运行 NAT 的计算机有两块网卡、两个 IP 地址。其中，IP 地址 1 为 192.168.0.1，IP 地址 2 为 202.162.4.1。

下面举例来说明。

① IP 地址为 192.168.0.2 的计算机（客户端）使用 Web 浏览器连接到 IP 地址为 202.202.163.1 的 Web 服务器，计算机将创建带有下列信息的 IP 数据包。

- 目的 IP 地址：202.202.163.1。
- 源 IP 地址：192.168.0.2。

- 目的端口：TCP 端口 80。
- 源端口：TCP 端口 1350。

② IP 数据包被转发到运行 NAT 的计算机上，该计算机将传出的数据包地址转换成下面的形式，用自己的 IP 地址重新打包后转发。

- 目的 IP 地址：202.202.163.1。
- 源 IP 地址：202.162.4.1。
- 目的端口：TCP 端口 80。
- 源端口：TCP 端口 2500。

③ NAT 协议在表中保留了{192.168.0.2,TCP 1350}到{202.162.4.1,TCP 2500}的映射，以便回传。

④ 转发的 IP 数据包是通过 Internet 发送的。Web 服务器响应通过 NAT 协议发回和接收。当接收时，数据包包含以下信息。

- 目的 IP 地址：202.162.4.1。
- 源 IP 地址：202.202.163.1。
- 目的端口：TCP 端口 2500。
- 源端口：TCP 端口 80。

⑤ NAT 协议检查转换表，将公用地址映射到专用地址，并将数据包转发给 IP 地址为 192.168.0.2 的计算机。转发的数据包包含以下信息。

- 目的 IP 地址：192.168.0.2。
- 源 IP 地址：202.202.163.1。
- 目的端口：TCP 端口 1350。
- 源端口：TCP 端口 80。

> **说明** 对于来自 NAT 协议的传出数据包，源 IP 地址（专用地址）被映射到 ISP 分配的地址（公用地址），同时 TCP/IP 端口号会被映射到不同的 TCP/IP 端口号。对于传入 NAT 协议的数据包，目的 IP 地址（公用地址）被映射到源 Internet 地址（专用地址），且 TCP/UDP 端口号被重新映射回源 TCP/UDP 端口号。

## 9.2 项目设计与准备

在架设 NAT 服务器之前，读者需要了解 NAT 服务器配置实例部署的需求和实训环境。

### 1. 部署需求

在部署 NAT 服务器前，需做以下准备工作。

- 设置 NAT 服务器的 TCP/IP 属性，手动指定 IP 地址、子网掩码、默认网关和 DNS 服务器的 IP 地址等。
- 部署域环境，域名为 long60.cn。

### 2. 部署环境

所有实例都被部署在图 9-2 所示的网络环境下。DNS1、DNS2、DNS3、WIN10-1 是 VMware 的虚拟机。架设 NAT 服务器的网络拓扑结构如图 9-2 所示。

**图 9-2  架设 NAT 服务器的网络拓扑结构**

NAT 服务器主机名为 DNS1，该服务器连接内部局域网网卡的 IP 地址为 192.168.10.1/24，连接外部网络网卡的 IP 地址为 200.200.200.1/24；NAT 客户端主机名为 DNS2，同时是内部 Web 服务器，其 IP 地址为 192.168.10.2/24，默认网关的 IP 地址为 192.168.10.1/24；Internet 上的 Web 服务器主机名为 DNS3，IP 地址为 200.200.200.2/24；NAT 客户端 2 即计算机 WIN10-1，本实训可以不进行配置。

## 9.3  项目实施

### 任务 9-1  安装路由和远程访问服务器

#### 1. 安装路由和远程访问角色

**步骤 1**　按照图 9-2 所示的网络拓扑结构配置各计算机的 IP 地址等参数。

**步骤 2**　在 DNS1 上通过"服务器管理器"窗口安装路由和远程访问角色。注意，安装的角色名称是"远程访问"。

#### 2. 配置并启用 NAT 服务

在 DNS1 上通过"路由和远程访问"窗口配置并启用 NAT 服务，具体步骤如下。

（1）禁用路由和远程访问

以管理员账户登录到需要添加 NAT 服务的 DNS1，打开"服务器管理器"窗口，选择"工具"→"路由和远程访问"选项，打开"路由和远程访问"窗口。选中"DNS1（本地）"并单击鼠标右键，在弹出的快捷菜单中选择"禁用路由和远程访问"选项（清除 VPN 实训的影响）。

（2）选择网络地址转换

选中"DNS1（本地）"并单击鼠标右键，在弹出的快捷菜单中选择"配置并启用路由和远程访问"选项，弹出"路由和远程访问服务器安装向导"对话框，单击"下一步"按钮，进入"配置"界面，在该界面中可以配置 NAT、VPN 及路由服务。在此选中"网络地址转换（NAT）"单选按钮，如图 9-3 所示。

图 9-3　选择"网络地址转换"

（3）选择连接到 Internet 的网络接口

单击"下一步"按钮，进入"NAT Internet 连接"界面，在该界面中指定连接到 Internet 的网络接口，即 NAT 服务器连接到外部网络的网卡，在此选中"使用此公共接口连接到 Internet"单选按钮，并选择接口为"Ethernet1"，如图 9-4 所示。

图 9-4　选择连接到 Internet 的网络接口

（4）结束 NAT 配置

单击"下一步"按钮，进入"正在完成路由和远程访问服务器安装向导"界面，单击

"完成"按钮，即可完成 NAT 服务的配置和启用。

### 3. 停止 NAT 服务

可以使用"路由和远程访问"窗口停止 NAT 服务，具体步骤如下。

**步骤 1**　以管理员账户登录 NAT 服务器，打开"路由和远程访问"窗口。NAT 服务启用后，其图标将显示绿色向上箭头。

**步骤 2**　选中 NAT 服务器并单击鼠标右键，在弹出的快捷菜单中选择"所有任务"→"停止"选项，停止 NAT 服务。NAT 服务停止以后，其图标将显示红色向下箭头。

### 4. 禁用 NAT 服务

要禁用 NAT 服务，可以使用"路由和远程访问"窗口，具体步骤如下。

**步骤 1**　以管理员账户登录 NAT 服务器，打开"路由和远程访问"窗口。选中服务器并单击鼠标右键，在弹出的快捷菜单中选择"禁用路由和远程访问"选项。

**步骤 2**　弹出"禁用 NAT 服务警告信息"界面，提示禁用路由和远程访问服务后，如要重新启用路由器，则需要重新配置。禁用路由和远程访问服务后，其图标将显示红色向下箭头。

## 任务 9-2　NAT 客户端计算机配置和测试

配置 NAT 客户端，并测试内部网络和外部网络计算机之间的连通性，具体步骤如下。

### 1. 设置 NAT 客户端的网关地址

以管理员账户登录 NAT 客户端 DNS2，在"Internet 协议版本 4（TCP/IPv4）属性"对话框中，设置"默认网关"的 IP 地址为 NAT 服务器的局域网网卡的 IP 地址，在此输入"192.168.10.1"，单击"确定"按钮，如图 9-5 所示。

图 9-5　设置 NAT 客户端的网关地址

**2. 测试内部网络 NAT 客户端与外部网络计算机的连通性**

在 NAT 客户端 DNS2 上打开命令提示符窗口，测试其与 Internet 上的 Web 服务器 DNS3 的连通性，分别使用"ping 200.200.200.1""ping 200.200.200.2"命令，如图 9-6 所示，结果显示能连通。

**3. 测试外部网络计算机与 NAT 服务器、内部网络 NAT 客户端的连通性**

以本地管理员账户登录外部网络的 DNS3，打开命令提示符窗口，依次使用"ping 200.200.200.1""ping 192.168.10.1""ping 192.168.10.2"命令测试外部 DNS3 与 NAT 服务器外网卡和内网卡，以及内部网络计算机的连通性。如图 9-7 所示，除 NAT 服务器外部网卡外，均不能连通。

图 9-6　测试内部网络 NAT 客户端
与外部网络计算机的连通性

图 9-7　测试外部网络计算机与 NAT 服务器、
内部网络 NAT 客户端的连通性

**任务 9-3　设置外部网络主机访问内部 Web 服务器**

让外部网络的 DNS3 访问内部 Web 服务器 DNS2 的具体步骤如下。

**1. 在内部网络的 DNS2 上安装 Web 服务器**

在 DNS2 上安装 Web 服务器，请参考相关内容完成。

**2. 将内部网络的 DNS2 配置为 NAT 客户端**

以管理员账户登录 NAT 客户端 DNS2，在"Internet 协议版本 4（TCP/IPv4）属性"对话框中，设置"默认网关"的 IP 地址为 NAT 服务器的内部网卡的 IP 地址，输入"192.168.10.1"，单击"确定"按钮即可。

**特别注意**　使用端口映射等功能时，内部网络计算机一定要配置为 NAT 客户端。

### 3. 设置端口地址转换

**步骤 1**　以管理员账户登录 NAT 服务器，打开"路由和远程访问"窗口，依次展开服务器的"DNS1（本地）"和"IPv4"选项，选择"NAT"选项，在右侧窗格中选中 NAT 服务器的外部网卡"Ethernet1"并单击鼠标右键，在弹出的快捷菜单中选择"属性"选项，如图 9-8 所示。

图 9-8　选择"属性"选项

**步骤 2**　在弹出的"Ethernet1 属性"对话框中，选择图 9-9 所示的"服务和端口"选项卡，在此可以设置将 Internet 用户重定向到内部网络中的服务。

**步骤 3**　勾选"服务"列表框中的"Web 服务器（HTTP）"复选框，弹出"编辑服务"对话框，在"专用地址"文本框中输入安装 Web 服务器的内部网络计算机的 IP 地址，在此输入"192.168.10.2"，如图 9-10 所示，单击"确定"按钮。

图 9-9　"服务和端口"选项卡

图 9-10　"编辑服务"对话框

**步骤4** 返回"服务和端口"选项卡，可以看到"Web 服务器(HTTP)"复选框已被勾选，单击"应用"→"确定"按钮，即可完成端口地址转换的设置。

#### 4. 从外部网络访问内部网络 Web 服务器

**步骤1** 以管理员账户登录外部网络的 DNS3。

**步骤2** 打开 IE 浏览器，在地址栏中输入"http://200.200.200.1"并按 Enter 键，会打开内部网络 DNS2 上的 Web 站点。请读者试一试。

> **注意** 200.200.200.1 是 NAT 服务器外部网卡的 IP 地址。

#### 5. 在 NAT 服务器上查看地址转换信息

**步骤1** 以管理员账户登录到 NAT 服务器 DNS1，打开"路由和远程访问"窗口，依次展开服务器的"DNS1(本地)"和"IPv4"选项，选择"NAT"选项，在右侧窗格中会显示 NAT 服务器正在使用的连接内部网络的网络接口。

**步骤2** 选中"Ethernet1"选项并单击鼠标右键，在弹出的快捷菜单中选择"显示映射"选项，弹出图 9-11 所示的"DNS1-网络地址转换会话映射表格"对话框。该对话框中的信息表示 IP 地址为 200.200.200.2 的外部网络计算机访问到的 IP 地址为 192.168.10.2 的内部网络计算机的 Web 服务，NAT 服务器将其外部网卡的 IP 地址 200.200.200.1 转换成内部网络计算机的 IP 地址 192.168.10.2。

| 协议 | 方向 | 专用地址 | 专用端口 | 公用地址 | 公用端口 | 远程地址 | 远程端口 | 空闲时间 |
|---|---|---|---|---|---|---|---|---|
| TCP | 入站 | 192.168.10.2 | 80 | 200.200.200.1 | 80 | 200.200.200.2 | 61,311 | 43 |

图 9-11 "DNS1-网络地址转换会话映射表格"对话框

### 任务 9-4 配置筛选器

数据包筛选器用于 IP 数据包的过滤。数据包筛选器分为入站筛选器和出站筛选器，分别对应接收到的数据包和发出去的数据包。对于某一个接口而言，入站数据包指的是从此接口接收到的数据包，而不论此数据包的源 IP 地址和目的 IP 地址；出站数据包指的是从此接口发出的数据包，而不论此数据包的源 IP 地址和目的 IP 地址。

可以在入站筛选器和出站筛选器中定义 NAT 服务器只允许筛选器中定义的 IP 数据包或者允许除了筛选器中定义的 IP 数据包外的所有数据包通过。对于没有被允许的数据包，NAT 服务器默认会将此数据包丢弃。

### 任务 9-5 设置 NAT 客户端

前面已经设置过 NAT 客户端了，在这里进行汇总。局域网 NAT 客户端只要修改 TCP/IP 的设置即可。可以选择以下两种设置方式。

### 1. 自动获得 TCP/IP

此时客户端会自动向 NAT 服务器或 DHCP 服务器请求获取 IP 地址、默认网关、DNS 服务器的 IP 地址等参数。

### 2. 手动设置 TCP/IP

手动设置 IP 地址时，要求客户端的 IP 地址必须与 NAT 局域网接口的 IP 地址在相同的网段内，也就是网络 ID 必须相同；默认网关必须设置为 NAT 局域网接口的 IP 地址，本例中为 192.168.10.1；首选 DNS 服务器的 IP 地址可以设置为 NAT 局域网接口的 IP 地址，或是任何一台合法的 DNS 服务器的 IP 地址。

完成后，客户端的用户只要上网、收发电子邮件、连接 FTP 服务器等，NAT 就会自动通过以太网点到点协议（Point-to-Point Protocol over Ethernet，PPPoE）请求拨号来连接 Internet。

## 任务 9-6　配置 DHCP 分配器与 DNS 中继代理

NAT 服务器还具备以下两个功能。

- DHCP 分配器（DHCP Allocator）：用来分配 IP 地址给内部的局域网客户端计算机。
- DNS 中继代理（DNS Proxy）：可以替局域网内的计算机来查询 IP 地址。

### 1. DHCP 分配器

DHCP 分配器扮演着类似 DHCP 服务器的角色，用来给内部网络的客户端分配 IP 地址。要修改 DHCP 分配器的设置，可展开"IPv4"选项，选择"NAT"选项，单击"属性"按钮，在弹出的"NAT 属性"对话框中选择"地址分配"选项卡，如图 9-12 所示。

图 9-12　"地址分配"选项卡

> **注意**　在配置 NAT 服务器时，若系统检测到内部网络中有 DHCP 服务器，则不会自动启动 DHCP 分配器。

图 9-12 中，DHCP 分配器分配给客户端的 IP 地址为 192.168.10.0，这个默认值是根据 NAT 服务器内部网卡的 IP 地址（192.168.10.1）产生的。可以修改此默认值，但必须与 NAT 服务器内部网卡的 IP 地址保持一致，即网络 ID 需相同。

若内部网络中某些计算机的 IP 地址是手动输入的，且这些 IP 地址位于上述 IP 地址范围内，则通过"NAT 属性"对话框中的"排除"按钮来将这些 IP 地址排除，以免这些 IP 地址被发放给其他客户端计算机。

若内部网络包含多个子网或 NAT 服务器拥有多个专用网络接口，则由于 NAT 服务器的 DHCP 分配器只能分配一个网段的 IP 地址，因此其他网络中的计算机的 IP 地址需手动设置或另外通过其他 DHCP 服务器来分配。

### 2. DNS 中继代理

当内部计算机需要查询主机的 IP 地址时，它们可以将查询请求发送到 NAT 服务器，并由 NAT 服务器的 DNS 中继代理来替它们查询 IP 地址。可以通过图 9-13 中的"名称解析"选项卡来启动或修改 DNS 中继代理的设置，勾选"使用域名系统(DNS)的客户端"复选框，表示要启用 DNS 中继代理的功能，以后只要客户端要查询主机的 IP 地址（这些主机可能位于 Internet 或内部网络中），NAT 服务器就可以代替客户端来向 DNS 服务器查询。

图 9-13 "名称解析"选项卡

NAT 服务器会向哪一台 DNS 服务器查询呢？它会向其 TCP/IP 配置处的首选 DNS 服务器（或备用 DNS 服务器）查询。若此 DNS 服务器位于 Internet 内，且 NAT 服务器是通过 PPPoE 请求拨号来连接 Internet 的，则勾选图 9-13 所示选项卡中的"当名称需要解析时连接到公用网络"复选框，以便让 NAT 服务器可以自动利用 PPPoE 请求拨号来连接 Internet。

## 9.4  习  题

### 一、填空题

1. NAT 是＿＿＿＿＿＿的缩写，其中文全称是＿＿＿＿＿＿。

2. NAT 位于使用专用地址的＿＿＿＿＿和使用公用地址的＿＿＿＿＿之间。从 Intranet 传出的数据包由 NAT 将它们的＿＿＿＿＿地址转换为＿＿＿＿＿地址。从 Internet 传入的数据包由 NAT 将它们的＿＿＿＿＿地址转换为＿＿＿＿＿地址。

3. NAT 也起到了将＿＿＿＿＿网络隐藏起来以保护＿＿＿＿＿网络的作用，因为对于外部用户来说，只有使用＿＿＿＿＿地址的 NAT 才是可见的。

4. NAT 使位于内部网络的多台计算机只需要共享一个＿＿＿＿＿地址，就可以同时连接 Internet、浏览网页与收发电子邮件。

### 二、简答题

1. NAT 的功能是什么？

2. 简述网络地址转换的原理，即 NAT 的工作过程。

3. 下列不同技术有何异同？（可参考课程网站的补充资料。）

① NAT 与路由；② NAT 与代理服务器；③ NAT 与 Internet 共享。

## 9.5  项目实训  配置与管理 NAT 服务器

### 一、实训目的

- 掌握使局域网内部的计算机连接到 Internet 的方法。
- 掌握使用 NAT 实现网络互连的方法。
- 掌握远程访问服务的实现方法。

### 二、项目环境

本项目实训根据图 9-2 所示的环境来部署 NAT 服务器。

### 三、项目要求

根据图 9-2，完成如下任务。

① 部署架设 NAT 服务器的环境。

② 安装路由和远程访问角色。

③ 配置并启用 NAT 服务。

④ 停止 NAT 服务。

⑤ 禁用 NAT 服务。

⑥ 配置并测试 NAT 客户端计算机。

⑦ 使用外部网络计算机访问内部 Web 服务器。

⑧ 配置筛选器。

⑨ 设置 NAT 客户端。

⑩ 配置 DHCP 分配器与 DNS 中继代理。

### 四、做一做

根据项目实训视频进行项目的实训，检查学习效果。

# 配置与管理证书服务器

对于大型的计算机网络，数据的安全和管理的自动化历来都是人们追求的目标。特别是随着 Internet 的迅猛发展，在 Internet 上处理事务、交流信息等越来越频繁，越来越多的重要数据在网络中传输，网络安全问题也越来越受到重视。尤其是在电子商务活动中，必须保证交易双方能够互相确认身份，安全地传输敏感信息，同时要防止信息被人截获、篡改，或者被人冒用身份进行交易等。因此，如何保证重要数据不受到恶意的损坏，成为网络管理最关键的问题之一。而部署公钥基础设施（Public Key Infrastructure，PKI），利用 PKI 提供的密钥体系来实现数字证书签发、身份认证、数据加密和数字签名等功能，可以确保电子邮件、电子商务交易、文件传送等各类数据传输的安全性。

## 学习要点

- 了解 PKI 的基本知识。
- 掌握配置与管理证书的方法。
- SSL 网站证书实例。

项目 10　配置与管理
证书服务器

## 素质要点

- 学生要树立正确的世界观、人生观、价值观。
- "博学之，审问之，慎思之，明辨之，笃行之。" 学生要讲究学习方法，珍惜现在的时光，做到不负韶华。

## 10.1　项目基础知识

10-1 微课
证书服务器

### 10.1.1　PKI 概述

用户通过网络将数据发送给接收者时，可以利用 PKI 提供的以下 3 种功能来确保数据传输的安全性。

- 将传输的数据加密（Encryption）。

- 接收者的计算机验证收到的数据是不是由发件人本人发送来的，即认证（Authentication）。
- 接收者的计算机会确认数据的完整性（Integrity），也就是检查数据在传输过程中是否被篡改。

PKI 根据公钥加密（Public Key Cryptography）来提供上述功能，而用户需要拥有以下一组密钥来支持这些功能。

- 公钥：用户的公钥（Public Key）可以公开给其他用户。
- 私钥：用户的私钥（Private Key）是用户私有的，且存储在用户的计算机中，只有用户自己能够访问。

用户需要通过向证书颁发机构（Certification Authority，CA）申请证书（Certificate）的方法来拥有与使用这一组密钥。

### 1. 公钥加密

数据被加密后，必须经过解密才能读取数据的内容。PKI 使用公钥加密机制来对数据进行加密与解密。发件人利用收件人的公钥将数据加密，而收件人利用自己的私钥将数据解密。例如，用户 Bob 发送一封经过加密的电子邮件给用户 Alice，流程如图 10-1 所示。

图 10-1　用户 Bob 发送一封经过加密的电子邮件给用户 Alice 的流程

在图 10-1 中，Bob 必须先取得 Alice 的公钥，才可以利用此密钥来将电子邮件加密。而因为 Alice 的私钥只存储在她的计算机中，故只有她的计算机可以将电子邮件解密，只有她可以正常读取此邮件。其他用户即使拦截此邮件，也无法读取邮件的内容，因为他们没有 Alice 的私钥，无法将其解密。

> **注意**　公钥加密体系使用公钥来加密，使用私钥来解密，此方法又称为非对称式（Asymmetric）加密。另一种加密方法是密钥加密（Secret Key Encryption），又称为对称式（Symmetric）加密，其加密、解密都使用同一个密钥。

### 2. 公钥验证

发件人可以利用公钥验证（Public Key Authentication）来对待发送的数据进行"数字签名"（Digital Signature），而收件人计算机在收到数据后，便能够通过此数字签名来验证数据是否确实是由发件人本人发出的，同时会检查数据在传输的过程中是否被篡改。

发件人是利用自己的私钥对数据进行签名的，而收件人的计算机会利用发件人的公钥来验证此数据。例如，图 10-2 所示为用户 Bob 发送一封经过数字签名的电子邮件给用户 Alice 的流程。

图 10-2　用户 Bob 发送一封经过数字签名的电子邮件给用户 Alice 的流程

由于图 10-2 中的电子邮件经过 Bob 的私钥签名，而公钥与私钥是一对的，因此收件人 Alice 必须先取得发件人 Bob 的公钥，才可以利用此密钥来验证这封邮件是不是由 Bob 本人发送过来的，并检查这封邮件是否被篡改过。

数字签名的产生和验证用户身份的具体流程如下。

**步骤 1**　发件人的电子邮件经过消息哈希算法（Message Hash Algorithm）的运算处理后，产生一个消息摘要（Message Digest），它是一个数字指纹（Digital Fingerprint）。

**步骤 2**　发件人的电子邮件软件使用公钥加密算法（Public Key Encryption Algorithm），利用发件人的私钥将此消息摘要加密，加密后的结果被称为数字签名。

**步骤 3**　发件人的电子邮件软件将原电子邮件与数字签名一并发送给收件人。

**步骤 4**　收件人的电子邮件软件会将收到的电子邮件与数字签名分开处理。

- 电子邮件经过消息哈希算法的重新运算处理后，产生一个新的消息摘要。
- 数字签名经过公钥加密算法的解密处理后，可得到发件人传来的原消息摘要。

**步骤 5**　新消息摘要与原消息摘要应该相同，否则表示这封电子邮件被篡改过或是他人冒用发件人身份发送的。

### 3. 网站安全连接

安全套接字层（Secure Socket Layer，SSL）是一个以 PKI 为基础的安全性通信协议。若要让网站拥有 SSL 安全连接功能，则需要为网站向 CA 申请 SSL 证书（Web 服务器证书），证书内包含公钥、证书有效期限、发放此证书的 CA、CA 的数字签名等数据。

在网站拥有 SSL 证书之后，浏览器与网站之间就可以通过 SSL 安全连接来通信，也就是将统一资源定位符（Uniform Resource Locator，URL）中的 http 改为 https。例如，若网站为 www.long60.cn，则浏览器是利用 https://www.long60.cn 来连接网站的。

以图 10-3 为例来说明浏览器与网站之间如何建立 SSL 安全连接。建立 SSL 安全连接时，会建立一个双方都同意的会话密钥（Session Key），并利用此密钥来将双方传送的数据加密、解密并确认数据是否被篡改。

**步骤 1**　Web 客户端利用 https://www.long60.cn 来连接网站时，Web 客户端会先发送 Client Hello 信息给 Web 服务器。

**步骤 2**　Web 服务器会响应 Server Hello 信息给 Web 客户端，此信息内包含网站的证书信息（内含公钥）。

**步骤 3**　Web 客户端与网站双方开始协商 SSL 连接的安全等级。例如，选择 40 位或 128 位加密密钥。密钥位数越多，越难破解，数据越安全，但网站性能也越差。

客户端与服务器之间建立SSL安全连接的协商过程
（https://www.long60.cn）

（1）发送Client Hello消息 ⟶

⟵ （2）响应Server信息（其中包含证书）

（3）双方协商安全等级

（4）由客户端创建会话密钥，并利用
网站的公钥将其加密后发送给网站

⟵ （5）网站利用其私钥将会话密钥解密

（6）双方开始利用会话密钥将
要传输的数据加密、解密

运行浏览器
的Web客户端

运行网站的
Web服务器
www.long60.cn

图 10-3  浏览器与网站之间建立 SSL 安全连接

**步骤 4**  Web 客户端根据双方同意的安全等级来创建会话密钥，利用网站的公钥将会话密钥加密，并将加密过后的会话密钥发送给网站。

**步骤 5**  网站利用它自己的私钥来将会话密钥解密。

**步骤 6**  Web 客户端与网站双方利用会话密钥对要传送的所有数据进行加密与解密。

## 10.1.2  CA 概述与根 CA 的安装

无论是电子邮件保护还是 SSL 安全连接，都需要申请证书才可以使用公钥与私钥来执行数据加密与身份验证的操作。证书就好像是机动车驾驶证一样，必须是拥有机动车驾驶证（证书）的对象才能开车（使用密钥）。而负责发放证书的机构被称为 CA。

那么用户或网站的公钥与私钥是如何产生的呢？在申请证书时，需要输入姓名、地址与电子邮件地址等数据，这些数据会被发送到一个称为加密服务提供方（Cryptographic Service Provider，CSP）的程序，此程序已经被安装在申请者的计算机中或此计算机可以访问的设备中。

CSP 会自动创建一对密钥：一个公钥与一个私钥。CSP 会将私钥存储到申请者计算机的注册表中，并将证书申请数据与公钥一并发送给 CA。CA 检查这些数据无误后，会利用 CA 自己的私钥对要发放的证书进行签名，并发放此证书。申请者收到证书后，将证书安装到其计算机中。

证书内包含证书的颁发对象（用户或计算机）、证书有效期限、颁发此证书的 CA 与 CA 的数字签名（类似于机动车驾驶证上的盖章），以及申请者的姓名、地址、电子邮件地址、公钥等数据。

> **注意**  若用户计算机安装有读卡设备，则可以利用智能卡来登录，但需要通过类似的程序来申请证书，CSP 会将私钥存储到智能卡中。

### 1. CA 的信任

在 PKI 架构下，当用户利用某 CA 发放的证书来发送一封经过签名的电子邮件时，收件人的计算机应该信任（Trust）由此 CA 发放的证书，否则收件人的计算机会将此电子邮件视为有问题的电子邮件。

同样，客户端利用浏览器连接 SSL 网站时，客户端计算机也必须信任发放 SSL 证书给此网站的 CA，否则浏览器会弹出警告信息。

系统默认已经自动信任一些商业 CA，而 Windows 10 操作系统的计算机可通过打开桌面版 IE 浏览器，选择"工具"（若没有显示"工具"菜单，则按 Alt 键）→"Internet 选项"，在弹出的对话框的"内容"选项卡中单击"证书"按钮，在"证书"对话框的"受信任的根证书颁发机构"选项卡中查看其已经信任的 CA，如图 10-4 所示。

图 10-4 "受信任的根证书颁发机构"选项卡

用户可以向图 10-4 所示的商业 CA 申请证书，如 VeriSign。但若公司只是希望在各分公司、事业合作伙伴、供货商与客户之间安全地通过 Internet 传送数据，则不需要向图 10-4 所示的商业 CA 申请证书，因为可以利用 Windows Server 2022 的 Active Directory 证书服务（Active Directory Certificate Services，AD CS）来自行配置 CA，利用此 CA 将证书发放给员工、客户与供货商等，并使其计算机信任此 CA。

**2. AD CS 的 CA 种类**

若使用 Windows Server 2022 的 AD CS 来提供 CA 服务，则可以选择将此 CA 设置为以下角色之一。

• 企业根 CA（Enterprise Root CA）。它需要 Active Directory 域，可以将企业根 CA 安装到域控制器或成员服务器中。它发放证书的对象仅限于域用户，当域用户申请证书时，企业根 CA 会从 Active Directory 域中得知该用户的账户信息并据此决定该用户是否有权限申请所需证书。企业根 CA 主要用于发放证书给企业从属 CA，虽然企业根 CA 还可以发放保护电子邮件安全、网站 SSL 安全连接等证书，但发放这些证书的工作最好交给企业从属 CA 来负责。

- 企业从属 CA（Enterprise Subordinate CA）。企业从属 CA 也需要 Active Directory 域，企业从属 CA 适合用来发放保护电子邮件安全、网站 SSL 安全连接等证书。企业从属 CA 必须从其父 CA（如企业根 CA）取得证书之后，才能正常工作。企业从属 CA 也可以发放证书给下一层的从属 CA。

- 独立根 CA（Standalone Root CA）。独立根 CA 类似于企业根 CA，但它不需要 Active Directory 域，扮演独立根 CA 角色的计算机可以是独立服务器、成员服务器或域控制器。无论是否为域用户，都可以向独立根 CA 申请证书。

- 独立从属 CA（Standalone Subordinate CA）。独立从属 CA 类似于企业从属 CA，但它不需要 Active Directory 域，扮演独立从属 CA 角色的计算机可以是独立服务器、成员服务器或域控制器。无论是否为域用户，都可以向独立从属 CA 申请证书。

## 10.2  项目设计与准备

### 1. 项目设计

实现网站的 SSL 连接访问的网络拓扑结构如图 10-5 所示。

角色：成员服务器、独立根CA
主机名：DNS2
IP地址：192.168.10.2/24
DNS：192.168.10.1
操作系统：Windows Server 2022

角色：域控制器、DNS服务器、Web服务器
主机名：DNS1
IP地址：192.168.10.1/24
DNS：192.168.10.1
操作系统：Windows Server 2022

角色：证书客户端、Web客户端
主机名：WIN10-1
IP地址：192.168.10.210/24
DNS：192.168.10.1
操作系统：Windows 10

**图 10-5   实现网站的 SSL 连接访问的网络拓扑结构**

在部署 CA 服务前，需满足以下要求。

- DNS1：域控制器、DNS 服务器、Web 服务器，也可以部署企业 CA，IP 地址为 192.168.10.1/24，首选 DNS 服务器的 IP 地址为 192.168.10.1。

- DNS2：成员服务器（也可以是独立服务器），部署独立根 CA，IP 地址为 192.168.10.2/24，首选 DNS 服务器的 IP 地址为 192.168.10.1。

- WIN10-1：客户端（使用 Windows 10 操作系统），IP 地址为 192.168.10.210/24，首选 DNS 服务器的 IP 地址为 192.168.10.1，信任独立根 CA。

DNS1、DNS2、WIN10-1 可以是 VMware 的虚拟机，网络连接模式皆为 "VMnet1"。

### 2. 项目准备

只有为网站申请了 SSL 证书，网站才会具备 SSL 安全连接的功能。若网站要向 Internet 用户提供服务，则需向商业 CA 申请证书；若网站只是向内部员工、企业合作伙伴提供服务，则可自行利用 AD CS 来配置 CA，并向此 CA 申请证书。下面利用 AD CS 来配置 CA，并

通过以下步骤演示 SSL 网站的配置过程。

① 在 DNS2 上安装独立根 CA：DNS1-CA。可以在 DNS1 上安装企业 CA：long-DNS1-CA。

② 在 Web 客户端计算机上创建证书申请文件。

③ 利用浏览器将证书申请文件发送给 CA，并下载证书文件。

• 企业 CA：由于企业 CA 会自动发放证书，因此在将证书申请文件发送给 CA 后，就可以直接下载证书文件。

• 独立根 CA：独立根 CA 默认并不会自动发放证书，因此必须等 CA 管理员手动发放证书后，再利用浏览器来连接 CA 并下载证书文件。

④ 将 SSL 证书安装到 IIS 计算机中，并将其绑定（Binding）到网站，该网站便拥有 SSL 安全连接的功能。

⑤ 测试客户端浏览器与网站之间的 SSL 安全连接功能是否正常。

参照图 10-5 来练习 SSL 安全连接。

• 要启用 SSL 的网站为 DNS1 的 Web Test Site，其网址为 www.long60.cn，请先在此计算机上安装好 IIS 角色（提前做好）。

• DNS1 同时扮演 DNS 服务器角色，请安装好 DNS 服务器角色，并在其内建立正向查找区域 long60.cn。在该区域下建立 CNAME 记录 www 和 www1，分别对应 IP 地址 192.168.10.1 和 192.168.10.2。

• 独立根 CA 安装在 DNS2 上，其名称为 DNS1-CA。

• 需要在 WIN10-1 计算机上利用浏览器来连接 SSL 网站。CA2（DNS2）与 WIN10-1 计算机需指定首选 DNS 服务器的 IP 地址为 192.168.10.1。

## 10.3 项目实施

### 任务 10-1 安装证书服务并架设独立根 CA

在 DNS2 上安装证书服务并架设独立根 CA。

#### 1. 安装证书服务

**步骤1** 利用 Administrators 组成员的身份登录 DNS2，安装 CA2（若要安装企业根 CA，则可利用域 Enterprise Admins 组成员的身份登录 DNS1，安装 CA）。

**步骤2** 打开"服务器管理器"窗口，单击"仪表板"处的"添加角色和功能"，持续单击"下一步"按钮，直到进入图 10-6 所示的"选择服务器角色"界面，勾选"Active Directory 证书服务"复选框，在弹出的对话框中单击"添加功能"按钮（如果没有安装 Web 服务器，则可在此一并安装）。

**步骤3** 持续单击"下一步"按钮，直到进入图 10-7 所示的"选择角色服务"界面，勾选"证书颁发机构"和"证书颁发机构 Web 注册"复选框，单击"安装"按钮，顺便安装 IIS 网站，以便让用户可以利用浏览器来申请证书。

**步骤4** 持续单击"下一步"按钮，直到进入确认安装所选内容界面，单击"安装"按钮。

**步骤5** 单击"关闭"按钮，重新启动计算机。

图 10-6  "选择服务器角色"界面

图 10-7  "选择角色服务"界面

**2. 架设独立根 CA**

**步骤 1**　打开"服务器管理器"窗口，首先单击"仪表板"处的"通知"按钮，然后单击"配置目标服务器上的 Active Directory 证书服务"链接，如图 10-8 所示。

**图 10-8　配置目标服务器上的 Active Directory 证书服务**

**步骤 2**　在打开的"AD CS 配置"窗口中单击"下一步"按钮，开始配置 AD CS。

**步骤 3**　在"角色服务"界面中勾选"证书颁发机构"和"证书颁发机构 Web 注册"复选框，单击"下一步"按钮，如图 10-9 所示。

**图 10-9　选择要配置的角色服务**

**步骤 4**　在图 10-10 所示的界面中指定 CA 的设置类型，单击"下一步"按钮。

图 10-10　指定 CA 的设置类型

**注意**　若此计算机是独立服务器或用户不是利用域 Enterprise Admins 组的成员身份登录的，则无法选择企业 CA。

**步骤 5**　在图 10-11 所示的界面中选中"根 CA"单选按钮，单击"下一步"按钮。

图 10-11　指定 CA 类型

**步骤 6**　在图 10-12 所示的界面中指定私钥类型，这里选中"创建新的私钥"单选按钮，单击"下一步"按钮。此为 CA 的私钥，CA 必须拥有私钥后，才可以给客户端发放证书。

> **注意**　若是重新安装 CA（之前已经在这台计算机上安装过），则可以选择使用前一次安装时创建的私钥。

**图 10-12　指定私钥类型**

**步骤 7**　在"加密"界面中直接单击"下一步"按钮，采用默认的创建私钥的方法。

**步骤 8**　在"CA 名称"界面中将此 CA 的公用名称设置为"DNS1-CA"，单击"下一步"按钮，如图 10-13 所示。

> **特别说明**　因为 DNS2 是 long60.cn 的成员服务器，所以默认的 CA 的公用名称为 long60-DNS1-CA。为区别于企业 CA，在此将此 CA 的公用名称改为 DNS1-CA。

**步骤 9**　在"有效期"界面中单击"下一步"按钮，CA 的有效期默认为 5 年。

**步骤 10**　在"证书数据库"界面中单击"下一步"按钮，采用默认设置即可。

**步骤 11**　在"确认"界面中单击"配置"按钮，进入"结果"界面时，单击"关闭"按钮。

**步骤 12**　安装完成后，可按 Windows 键，选择"Windows 管理工具"→"证书颁发机构"选项，或在"服务器管理器"窗口中选择"工具"→"证书颁发机构"选项，进入证书颁发机构的管理界面，以此来管理 CA。图 10-14 所示为独立根 CA 的管理界面。

图 10-13　指定 CA 名称

图 10-14　独立根 CA 的管理界面

若是企业 CA，则是根据证书模板（图 10-15）来发放证书的。例如，图 10-15 中右侧的用户模板中同时提供了可以用来加密文件的证书、保护电子邮件安全的证书与验证客户端身份的证书（读者可以在 DNS1 上安装企业 CA：long-DNS1-CA）。

图 10-15　企业 CA 的证书模板

### 任务 10-2  DNS 与测试网站准备

将网站建立在 DNS1 上。

**步骤 1**  在 DNS1 上配置 DNS，新建 CNAME 记录。DNS1（IP 地址为 192.168.10.1）为 www.long60.cn，DNS2（IP 地址为 192.168.10.2）为 www1.long60.cn，如图 10-16 所示。

图 10-16  配置 DNS

**步骤 2**  为了测试 SSL 网站是否正常，在网站主目录下（假设是 C:\Web）利用记事本创建文件名为 index.htm 的主页文件，如图 10-17 所示。建议先在"文件资源管理器"窗口中选择"查看"菜单，勾选"扩展名"复选框，这样在建立文件时才不容易弄错扩展名，同时在图 10-17 中才能看到文件 index.htm 的扩展名为 .htm。

图 10-17  在主目录下创建的主页文件 index.htm

**步骤 3**  在 DNS1 上配置 Web 服务器，停用网站 Default Web Site，新建"SSL 测试网站"，其对应的 IP 地址为 192.168.10.1，网站的主目录是 C:\Web，如图 10-18 所示。

图 10-18　新建 "SSL 测试网站"

## 任务 10-3　让浏览器计算机信任 CA

Web 服务器（DNS1）与运行浏览器的计算机 WIN10-1 都应该信任发放 SSL 证书的 CA（DNS2），否则浏览器在利用 SSL 连接网站时会弹出警告信息。

若是企业 CA，且网站与浏览器计算机都是域成员，则它们都会自动信任此企业 CA。然而，图 10-5 所示的 CA 为独立根 CA，且 WIN10-1 没有加入域，故需要在这台计算机上手动执行信任 CA 的操作。让图 10-5 所示的 Windows 10 操作系统的计算机 WIN10-1 信任图 10-5 所示的独立根 CA 的步骤如下。

**步骤 1**　在 WIN10-1 上打开 IE 浏览器，在地址栏中输入 "http://192.168.10.2/certsrv" 并按 Enter 键。其中，192.168.10.2 为图 10-5 所示的独立根 CA 的 IP 地址，此处也可改为 CA 的 DNS 主机名（http://www1.long60.cn/certsrv）或 NetBIOS 计算机名称。

**步骤 2**　在图 10-19 所示的窗口中单击 "下载 CA 证书、证书链或 CRL" 链接。

图 10-19　下载 CA 证书

**注意** 若客户端操作系统为 Windows Server 2022，则应先将其 IE 增强的安全配置功能关闭，否则系统会阻挡其连接 CA 网站。具体操作如下：打开"服务器管理器"窗口，选择"本地服务器"选项，单击"IE 增强的安全配置"右侧的"启用"链接，选中"管理员"中的"关闭"单选按钮，如图 10-20 所示。

图 10-20 关闭 IE 增强的安全配置功能

**步骤 3** 在图 10-21 所示的窗口中单击"下载 CA 证书链"链接，在弹出的对话框中单击"保存"按钮右侧的下拉按钮，选择"另存为"选项，将证书下载并保存到本地 C:\cert 文件夹中。其默认的文件名为 certnew.p7b。

图 10-21 下载并保存证书

**步骤 4** 选中"开始"菜单并单击鼠标右键，在弹出的快捷菜单中选择"运行"选项，在弹出的"运行"对话框中输入"mmc"，单击"确定"按钮。选择"文件"→"添加/删除管理单元"选项，从"可用的管理单元"列表框中选择"证书"选项，单击"添加"

按钮，在弹出的图 10-22 所示的"证书管理单元"对话框中选中"计算机账户"单选按钮，单击"下一步"→"完成"→"确定"按钮。

图 10-22　"证书管理单元"对话框

**步骤 5**　展开"受信任的根证书颁发机构"选项，选择"证书"选项并单击鼠标右键，在弹出的快捷菜单中选择"所有任务"→"导入"选项，如图 10-23 所示。

图 10-23　选择"所有任务"→"导入"选项

**步骤 6**　在弹出的"证书导入向导"对话框中单击"下一步"按钮。在图 10-24 所示的界面中选择之前下载的 CA 证书文件，单击"下一步"按钮。

**步骤 7**　单击"下一步"→"完成"→"确定"按钮。图 10-25 所示为操作完成后的界面。

图 10-24　选择之前下载的 CA 证书文件

图 10-25　操作完成后的界面

任务 10-4　在 Web 服务器上配置证书服务

在扮演网站 www.long60.cn 角色的 Web 计算机 DNS1 上执行以下操作。

1. 在网站上创建证书申请文件

**步骤 1**　选择 "开始"→"Windows 管理工具"→"Internet Information Services(IIS)管理器" 选项，打开 "Internet Information Services(IIS)管理器" 窗口。

**步骤 2**   选择"DNS1（LONG60 \ Administrator）"选项，双击"服务器证书"，单击"创建证书申请"链接，如图 10-26 所示。

图 10-26   创建证书申请

**步骤 3**   在图 10-27 所示的"可分辨名称属性"界面中输入网站的相关数据，单击"下一步"按钮。

图 10-27   "可分辨名称属性"界面

**特别注意**   因为在"通用名称"文本框中输入的网址为"www.long60.cn"，故客户端需使用此网址来连接 SSL 网站。

**步骤 4**　在图 10-28 所示的"加密服务提供程序属性"界面中直接单击"下一步"按钮。图 10-28 中的"位长"是用来定义网站公钥的位长的，位长值越大，安全性越高，但效率越低。

图 10-28　"加密服务提供程序属性"界面

**步骤 5**　在图 10-29 所示的界面中指定证书申请文件名与存储位置（本例为 C：\WebCert. txt），单击"完成"按钮。

图 10-29　指定证书申请文件名与存储位置

### 2. 申请证书与下载证书

继续在扮演网站角色的 DNS1 上执行以下操作（以下是针对独立根 CA 的，但会附带说明企业 CA 的操作）。

**步骤 1**　将 IE 增强的安全配置功能关闭，否则系统会阻挡其连接 CA 网站，具体方法如下：打开"服务器管理器"窗口，选择"本地服务器"选项，单击"IE 增强的安全配置"右侧的"启用"链接，选中"管理员"中的"关闭"单选按钮。

**步骤 2**　打开 IE 浏览器，在其地址栏中输入"http：//192.168.10.2/certsrv"并按 Enter 键。其中，192.168.10.2 为图 10-5 所示的独立根 CA 的 IP 地址，此处也可改为 CA 的 DNS 主机名 www1.long60.cn 或 NetBIOS 计算机名称。

**步骤 3**　在图 10-30 所示的窗口中单击"申请证书"→"高级证书申请"链接。

图 10-30　申请一个证书

> **注意**　若是向企业 CA 申请证书，则系统会先要求输入用户账户及其密码，此时请输入域管理员账户（如 long60\administrator）及其密码。

**步骤 4**　单击图 10-31 中框选的链接，续订证书申请。

图 10-31　续订证书申请

**步骤 5**　在开始下一个步骤之前，先利用记事本打开前面的证书申请文件 C:\Web-Cert. txt，并复制整个证书申请文件，如图 10-32 所示。

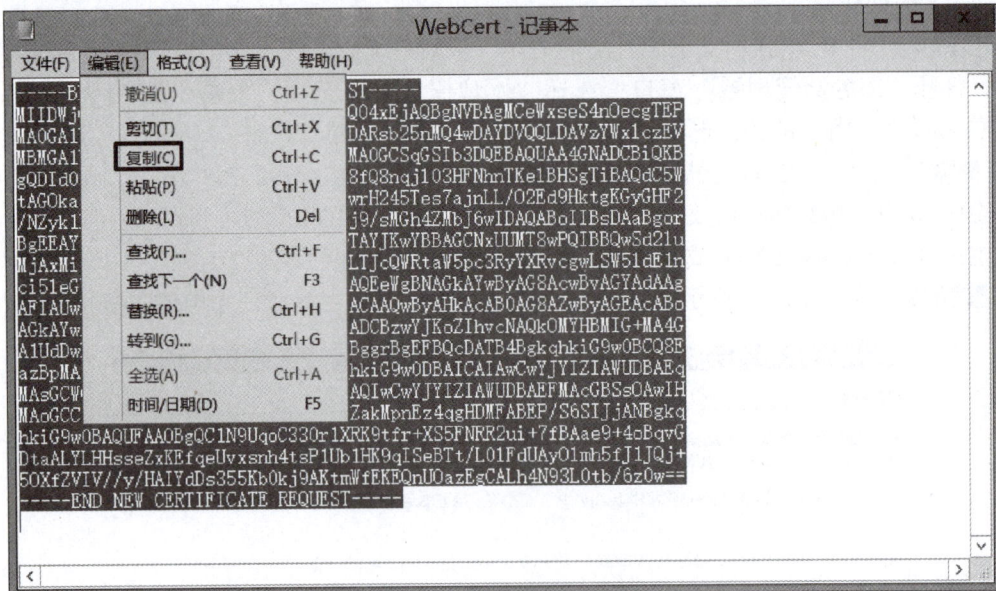

图 10-32　复制整个证书申请文件

　　**步骤 6**　将复制下来的内容粘贴到图 10-33 所示界面的"Base-64 编码的证书申请（CMC 或 PKCS # 10 或 PKCS # 7）"文本框中，完成后单击"提交"按钮。

图 10-33　粘贴证书申请文件的内容

> **注意**　若是企业 CA，则将复制下来的内容粘贴到图 10-34 所示界面的"Base-64 编码的证书申请（CMC 或 PKCS # 10 或 PKCS # 7）"文本框中，在"证书模板"下拉列表中选择"Web 服务器"选项并单击"提交"按钮，直接跳到步骤 10。

图 10-34 企业 CA 的操作

**步骤 7** 因为独立根 CA 默认不会自动颁发证书，故按图 10-35 所示的要求，等 CA 系统管理员发放证书后，再来连接 CA 并下载证书。该证书 ID 为 2。

图 10-35 等待 CA 系统管理员发放证书

**步骤 8** 在 CA 计算机（DNS2）上按 Windows 键，选择"Windows 管理工具"→"证书颁发机构"→"挂起的申请"选项，选中图 10-36 所示的证书请求并单击鼠标右键，在弹出的快捷菜单中选择"所有任务"→"颁发"选项。颁发完成后，该证书由"挂起的申请"移动到"颁发的证书"中。

**步骤 9** 回到网站计算机（DNS1）上，打开浏览器，连接到 CA 网页（如 http://192. 168.10.2/certsrv），按图 10-37 所示的内容进行选择，查看挂起的证书申请的状态。

**步骤 10** 在图 10-38 所示的窗口中单击"下载证书"链接，在弹出的对话框中单击"保存"按钮，将证书保存到本地，其默认的文件名为 certnew.cer。

图 10-36　CA 系统管理员发放证书

图 10-37　查看挂起的证书申请的状态

图 10-38　下载证书并保存到本地

> **注意**　该证书默认保存在用户的 Downloads 文件夹下，如 C:\Users\Administrator\Downloads\certnew.cer。如果单击"另存为"按钮，则可以更改保存位置。

### 3. 安装证书 (DNS1)

将从 CA 下载的证书安装到 IIS 网站计算机 (DNS1) 上。

**步骤 1**　选择 "DNS1 (LONG\Administrator)" 选项, 双击 "服务器证书", 单击 "完成证书申请" 链接, 如图 10-39 所示。

图 10-39　单击 "完成证书申请" 链接

**步骤 2**　在图 10-40 所示的 "完成证书申请" 对话框中选择前面下载的证书文件, 为其设置一个好记的名称 (如 Web Test Site Certificate)。将证书存储到 "个人" 证书存储区, 单击 "确定" 按钮。图 10-41 所示为证书安装完成后的界面。

图 10-40　"完成证书申请" 对话框

图 10-41　证书安装完成后的界面

#### 4. 绑定 HTTPS

**步骤 1**　单击"SSL 测试网站"选项右侧"操作"窗格中的"绑定"链接，如图 10-42 所示，将超文本传输安全协议（Hyper Text Transfer Protocol Secure，HTTPS）绑定到"SSL 测试网站"。

图 10-42　绑定 HTTPS

**步骤 2**　在"网站绑定"对话框中单击"添加"按钮，在"添加网站绑定"对话框的"类型"下拉列表中选择"https"选项，在"IP 地址"文本框中输入"192.168.10.1"，在"SSL 证书"下拉列表中选择"Web Test Site Certificate"选项，单击"确定"按钮，如图 10-43 所示，再单击"关闭"按钮。图 10-44 所示为绑定完成后的界面。

图 10-43  添加网站绑定

图 10-44  绑定完成后的界面

## 任务 10-5  测试 SSL 安全连接

**步骤 1**  利用 WIN10-1 来尝试与 SSL 网站建立 SSL 安全连接。打开桌面版 IE 浏览器，利用一般连接方式 http://192.168.10.1 来连接网站，此时会进入图 10-45 所示的界面。

**步骤 2**  利用 SSL 安全连接方式 https://192.168.10.1 来连接网站，此时会看到图 10-46 所示的警告界面，表示这台计算机并未信任发放 SSL 证书的 CA，此时仍然可以单击"转到此网页（不推荐）"链接来打开网页或先执行信任的操作后再来测试。

图 10-45　测试网站正常运行

图 10-46　利用 SSL 安全连接方式来连接网络

> **注意** 如果确定所有的设置都正确，但是在这台计算机的浏览器界面中没有出现应该出现的结果，则可将 Internet 临时文件删除后再试试看，方法如下：选择"工具"（若没有显示"工具"菜单，则按 Alt 键）→"Internet 选项"，单击"浏览历史记录"中的"删除"按钮，确认"Internet 临时文件"复选框已勾选后单击"删除"按钮，或者按 Ctrl+F5 组合键要求它不要读取临时文件，而是直接连接网站。

**步骤 3**　系统默认并未强制客户端必须通过 HTTPS 的 SSL 安全连接方式来连接网站，因此也可以通过 HTTP 来连接网站。若要采取强制方式，则可以针对整个网站、单一文件夹或单一文件来设置。以整个网站为例，其设置方法如下：选择"SSL 测试网站"选项，双击"SSL 设置"，勾选"要求 SSL"复选框后单击"应用"链接，如图 10-47 所示。

> **注意** ① 如果仅针对某个文件夹进行设置，那么应选中要设置的文件夹而不是整个网站。
> ② 若要针对单一文件进行设置，则先单击文件所在的文件夹，单击中间窗格下方的"内容视图"按钮，再单击右侧窗格中的"切换至功能视图"链接，通过中间窗格中的"SSL 设置"来进行设置。

**步骤 4**　在 WIN10-1 上再次进行测试。打开浏览器，在其地址栏中输入"http://192.168.10.1"或者"http://www.long60.cn"并按 Enter 键，由于需要 SSL 连接，所以出现错误，表明非 SSL 连接被禁止访问，如图 10-48 所示。

图 10-47　设置整个网站的 SSL

图 10-48　非 SSL 连接被禁止访问

**步骤 5**　打开浏览器，在其地址栏中输入"https://192.168.10.1"并按 Enter 键，此时会进入图 10-46 所示的警告界面，表示 WIN10-1 并未信任发放 SSL 证书的 CA，此时仍然可以通过单击"转到此网页（不推荐）"链接来打开网页，但在打开网页的同时，也会出现证书错误信息"不匹配的地址"提示对话框，如图 10-49 所示。因为在前面设置的通用名称是 www.long60.cn，而不是 192.168.10.1。

图 10-49　证书错误信息：不匹配的地址

**步骤 6** 在浏览器地址栏中输入 "https://www.long60.cn" 并按 Enter 键，正常运行，可成功访问 SSL 网站，如图 10-50 所示。

图 10-50　成功访问 SSL 网站

## 10.4　拓展阅读 "苟利国家生死以，岂因祸福避趋之"

中华传统文化博大精深，学习和掌握其中各种思想的精华，对树立正确的世界观、人生观、价值观很有益处。"先天下之忧而忧，后天下之乐而乐" 的政治抱负，"位卑未敢忘忧国""苟利国家生死以，岂因祸福避趋之" 的报国情怀，"富贵不能淫，贫贱不能移，威武不能屈" 的浩然正气，"人生自古谁无死？留取丹心照汗青""鞠躬尽瘁，死而后已" 的献身精神等，都体现了中华民族优秀的传统文化和民族精神，我们都应该继承和发扬。我们还应该了解一些文学知识，通过提高文学鉴赏能力和审美能力，陶冶情操，培养高尚的生活情趣。许多老一辈革命家都有很深厚的文学素养，在诗词歌赋方面有很高的造诣。总之，学史可以看成败、鉴得失、知兴替；学诗可以情飞扬、志高昂、人灵秀；学伦理可以知廉耻、懂荣辱、辨是非。我们不仅要了解中华传统文化，还要睁眼看世界，了解世界上不同民族的历史文化，取其精华，去其糟粕，从中获得启发。

## 10.5　习　题

### 一、填空题

1. 数字签名通常利用公钥加密方法实现，其中，发送者签名使用的密钥为发送者的_____。

2. 身份验证机构的_____可以确保证书信息的真实性，用户的_____可以保证数字信息传输的完整性，用户的_____可以保证数字信息的不可否认性。

3. 认证中心颁发的数字证书均遵循_____标准。

4. PKI 的中文全称是_____，英文全称是_____。

5. _____专门负责数字证书的发放和管理，以保证数字证书的真实、可靠，也称为_____。

6. Windows Server 2022 支持两类认证中心，即_____和_____，每类 CA 中都包含根 CA 和从属 CA。

7. 申请独立 CA 证书时，只能通过_____方式。

8. 独立 CA 在收到申请信息后，不能自动核准与发放证书，需要_____证书，此后客户端才能安装证书。

## 二、简答题

1. 对称密钥和非对称密钥的特点各是什么？
2. 什么是数字证书？
3. 证书的用途是什么？
4. 企业根 CA 和独立根 CA 有什么不同？
5. 安装 Windows Server 2022 网络操作系统认证服务的核心步骤是什么？
6. 证书与 IIS 结合实现 Web 站点的安全管理的核心步骤是什么？
7. 简述证书的颁发过程。

## 10.6  项目实训  实现网站的 SSL 连接访问

### 一、实训目的

- 掌握企业 CA 的安装与证书申请方法。
- 掌握数字证书的管理方法及技巧。

### 二、项目环境

本项目实训需要两台计算机，DNS 域为 long60.cn。其中，一台计算机安装 Windows Server 2022 企业版，用作 CA 服务器、DNS 服务器和 Web 服务器，IP 地址为 192.168.10.2/24，DNS 服务器的 IP 地址为 192.168.10.2，计算机名为 DNS2。另一台计算机安装 Windows 10 操作系统作为客户端进行测试，IP 地址为 192.168.10.10，DNS 服务器的 IP 地址为 192.168.10.2，计算机名为 WIN10-1。

另外，需要 Windows Server 2022 安装光盘或其镜像文件、Windows 10 操作系统安装光盘或其镜像文件。

### 三、项目要求

在默认情况下，IIS 使用 HTTP 以明文形式传输数据，没有采取任何加密措施，用户的重要数据很容易被窃取，那么如何才能保证局域网中重要数据的安全性呢？可以利用 CA 证书使用 SSL 增强 IIS 服务器的通信安全。

SSL 网站不同于一般的 Web 站点，它使用的是 HTTPS，而不是普通的 HTTP，因此它的 URL 格式为"https://网站域名"。

具体实现方法如下。

（1）在 DNS2 中安装证书服务。

安装独立根 CA，设置证书的有效期限为 5 年，指定证书数据库和证书数据库日志采用默认位置。

（2）在 DNS2 中利用 IIS 创建 Web 站点。

利用 IIS 创建一个 Web 站点。具体方法详见项目 9 的相关内容，在此不赘述。注意创建 www1.long60.cn（IP 地址为 192.168.10.2）的 A 记录。

（3）使浏览器计算机 WIN10-1 信任 CA。

（4）在服务器（Web 站点）安装证书。

① 在网站上创建证书申请文件。

设置参数如下。

- 此网站使用的方法是"新建证书"，并立即请求证书。
- 新证书的名称是 smile，加密密钥的位长是 512。
- 单位信息：组织名 jn（济南）和部门名称×××（数字工程学院）。
- 站点的公用名称：www1. long60. cn。
- 证书的地理信息：中国，山东省，济南市。

② 安装证书。

③ 绑定 HTTPS。强制客户端利用 HTTPS 的 SSL 方式来连接网站。

（5）进行安全通信（即验证实验结果）。

① 利用普通的 HTTP 浏览时，将会得到错误信息"该网页必须通过安全频道查看"。

② 利用 https://192.168.10.2 浏览时，系统将通过 IE 浏览器提示客户 Web 站点的安全证书问题，单击"确定"按钮，可以浏览该站点。

③ 利用 https://www1. long60. cn 浏览时，可以浏览该站点。

> **提示** 客户端将向 Web 站点提供自己从 CA 申请的证书，此后客户端和 Web 站点之间的通信就被加密了。

**四、做一做**

根据项目实训视频进行项目的实训，检查学习效果。

# 参 考 文 献

［1］杨云，徐培镟.Windows Server 2016 网络操作系统项目教程（微课版）［M］.北京：人民邮电出版社，2021.

［2］杨云，徐培镟，杨昊龙.Windows Server 2016 网络操作系统企业应用案例详解［M］.北京：清华大学出版社，2021.

［3］戴有炜.Windows Server 2016 网络管理与架站［M］.北京：清华大学出版社，2018.

［4］戴有炜.Windows Server 2016 系统配置指南［M］.北京：清华大学出版社，2018.

［5］杨云，汪辉进.Windows Server 2012 网络操作系统项目教程［M］.4 版.北京：人民邮电出版社，2016.

［6］杨云.Windows Server 2008 组网技术与实训［M］.3 版.北京：人民邮电出版社，2015.

［7］杨云.Windows Server 2012 活动目录企业应用（微课版）［M］.北京：人民邮电出版社，2018.

［8］杨云，康志辉.网络服务器搭建、配置与管理——Windows Server［M］.2 版.北京：清华大学出版社，2015.

［9］黄君羡.Windows Server 2012 活动目录项目式教程［M］.北京：人民邮电出版社，2015.

［10］微软公司.Windows Server 2008 活动目录服务的实现与管理［M］.北京：人民邮电出版社，2011.

［11］韩立刚，韩立辉.掌控 Windows Server 2008 活动目录［M］.北京：清华大学出版社，2010.